策划·视觉

钢铁冶炼术

惟有铁，
才能最终取代石器和青铜器，
使人类步入
社会经济文化大发展的新时代。

「十三五」国家重点出版物出版规划项目

钢铁冶炼术

黄兴 著

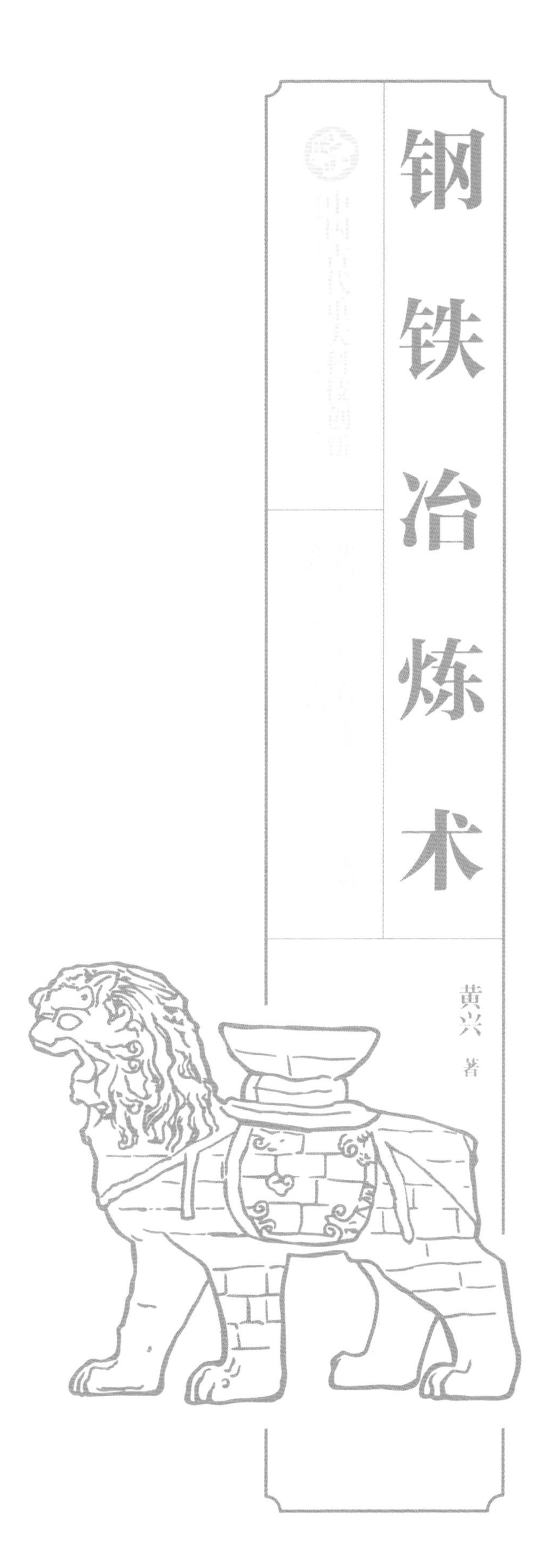

图书在版编目（C I P）数据

钢铁冶炼术 / 黄兴著. — 长沙 : 湖南科学技术出版社, 2020.11
（中国古代重大科技创新 / 陈朴, 孙显斌主编）
ISBN 978-7-5710-0775-1

Ⅰ. ①钢… Ⅱ. ①黄… Ⅲ. ①钢铁冶金 Ⅳ. ①TF4

中国版本图书馆 CIP 数据核字（2020）第 187704 号

中国古代重大科技创新
GANGTIEYELIANSHU
钢铁冶炼术

著　　者：黄　兴
责任编辑：李文瑶　林澧波
出版发行：湖南科学技术出版社
社　　址：长沙市湘雅路276号
　　　　　http://www.hnstp.com
印　　刷：雅昌文化（集团）有限公司
　　　　　（印装质量问题请直接与本厂联系）
厂　　址：深圳市南山区深云路19号
邮　　编：518053
版　　次：2020年11月第1版
印　　次：2020年11月第1次印刷
开　　本：787mm×1092mm　1/16
印　　张：11
字　　数：90千字
书　　号：ISBN 978-7-5710-0775-1
定　　价：50.00元

（版权所有 • 翻印必究）

总序

FOREWORD

中国有着五千年悠久的历史文化，中华民族在世界科技创新的历史上曾经有过辉煌的成就。习近平主席在给第 22 届国际历史科学大会的贺信中称：“历史研究是一切社会科学的基础，承担着‘究天人之际，通古今之变’的使命。世界的今天是从世界的昨天发展而来的。今天世界遇到的很多事情可以在历史上找到影子，历史上发生的很多事情也可以作为今天的镜鉴。”文化是一个民族和国家赖以生存和发展的基础。党的十九大报告提出“文化是一个国家、一个民族的灵魂。文化兴国运兴，文化强民族强”。历史和现实都证明，中华民族有着强大的创造力和适应性。而在当下，只有推动传统文化的创造性转化和创新性发展，才能使传统文化得到更好的传承和发展，使中华文化走向新的辉煌。

创新驱动发展的关键是科技创新，科技创新既要占据世界科技前沿，又要服务国家社会，推动人类文明的发展。中国的“四大发明”因其对世界历史进程产生过重要影响而备受世人关注。

但“四大发明”这一源自西方学者的提法，虽有经典意义，却有其特定的背景，远不足以展现中华文明的技术文明的全貌与特色。那么中国古代到底有哪些重要科技发明创造呢？在科技创新受到全社会重视的今天，也成为公众关注的问题。

科技史学科为公众理解科学、技术、经济、社会与文化的发展提供了独特的视角。近几十年来，中国科技史的研究也有了长足的进步。2013 年 8 月，中国科学院自然科学史研究所成立“中国古代重要科技发明创造”研究组，邀请所内外专家梳理科技史和考古学等学科的研究成果，系统考察我国的古代科技发明创造。研究组基于突出原创性、反映古代科技发展的先进水平和对世界文明有重要影响三项原则，经过持续的集体调研，推选出“中国古代重要科技发明创造 88 项”，大致分为科学发现与创造、技术发明、工程成就三类。本套丛书即以此项研究成果为基础，具有很强的系统性和权威性。

了解中国古代有哪些重要科技发明创造，让公众知晓其背后的文化和科技内涵，是我们树立文化自信的重要方面。优秀的传统文化能“增强做中国人的骨气和底气”，是我们深厚的文化软实力，是我们文化发展的母体，积淀着中华民族最深沉的精神追求，能为“两个一百年”奋斗目标和中华民族伟大复兴奠定坚实的文化根基。以此为指导编写的本套丛书，通过阐释科技文物、图像中的科技文化内涵，利用生动的案例故事讲解科技创新，展现出先人创造和综合利用科学技术的非凡能力，力图揭示科学技术的历史、本质和发展规律，认知科学技术与社会、政治、经济、文化等的复杂关系。

另一方面，我们认为科学传播不应该只传播科学知识，还应该传播科学思想和科学文化，弘扬科学精神。当今创新驱动发展的浪潮，也给科学传播提出了新的挑战：如何让公众深层次地理解科学技术？科技创新的故事不能仅局限在对真理的不懈追求，还应有历史、有温度，更要蕴含审美价值，有情感的升华和感染，生动有趣，娓娓道来。让中国古代科技创新的故事走向读者，让大众理解科技创新，这就是本套丛书的编写初衷。

全套书分为“丰衣足食·中国耕织”“天工开物·中国制造”“构筑华夏·中国营造”“格物致知·中国知识”“悬壶济世·中国医药”五大板块，系统展示我国在天文、数学、农业、医学、冶铸、水利、建筑、交通等方面的成就和科技史研究的新成果。

中国古代科技有着辉煌的成就，但在近代却落后了。西方在近代科学诞生后，重大科学发现、技术发明不断涌现，而中国的科技水平不仅远不及欧美科技发达国家，与邻近的日本相比也有相当大的差距，这是需要正视的事实。“重视历史、研究历史、借鉴历史，可以给人类带来很多了解昨天、把握今天、开创明天的智慧。所以说，历史是人类最好的老师。”我们一

方面要认识中国的科技文化传统，增强文化认同感和自信心；另一方面也要接受世界文明的优秀成果，更新或转化我们的文化，使现代科技在中国扎根并得到发展。从历史的长时段发展趋势看，中国科学技术的发展已进入加速发展期，当今科技的发展态势令人振奋。希望本套丛书的出版，能够传播科技知识、弘扬科学精神、助力科学文化建设与科技创新，为深入实施创新驱动发展战略、建设创新型国家、增强国家软实力，为中华民族的伟大复兴牢筑全民科学素养之基尽微薄之力。

冯立昇

2018 年 11 月于清华园

前言

PREFACE

钢铁是迄今为止人类应用最广泛的金属材料。考古发现和冶金史研究表明，中国大约从3400多年前开始开始使用人工冶炼而成的熟铁；公元前2600年左右，开始用高大的竖炉冶炼生铁；大约2000多年前开始，中国社会全面进入了铁器时代。

铁元素在地球上分布很广，其在地壳中的含量约占4.2%，仅次于氧、硅及铝。用不同的方法将铁从矿石中冶炼出来的时候，得到的产品有熟铁和生铁两种。熟铁比较柔软，生铁很脆硬；但通过渗碳或者脱碳可分别将熟铁或生铁变成成钢。钢的强度和韧性远远的优于青铜，再经过淬火、退火等处理，可以在很宽广的范围内，对产品各个部位的强度和韧性予以精准调节，从而制造出性能优异的产品。

钢铁因其质优、价廉、适应性强，被用来制作各类工具、兵刃、构件和日用器具，是古代其它金属和非金属材料所不能比拟的，从而最终取代石器和青铜器，使人类步入社会经济文化大发展的新时代。

在现代社会中，钢铁也是最常用的金属材料。在我们的日常的衣食住行中，会用到很多钢铁制品；在工厂车间，多数设备的主体部分都用钢铁制成；在军事领域，军舰、坦克、大炮、枪械等，钢铁也是最主要的结构材料。

钢铁对于人类社会是如此的重要。我们不禁想知道，古人用什么办法来生产、制造和利用钢铁的；在这个过程中，发生过哪些多精彩的故事?

本书将带领大家一起领略古代钢铁技术的风采。

目录

CONTENTS

引言 001

第一章 人工冶铁技术的发明 005

陨铁的利用 006

早期块炼铁与冶铁业的出现 010

生铁冶炼技术的发明 021

中国古代钢铁技术体系 027

第二章 古代冶铁竖炉 033

先秦冶铁竖炉 035

河南西平县酒店乡战国冶铁竖炉 035

汉代大型冶铁竖炉 039

河南郑州古荥冶铁遗址 039

河南鲁山望城岗冶铁遗址 043

宋辽时期冶铁竖炉 044

河北武安矿山村冶铁竖炉 044

河南焦作麦秸河宋代冶铁遗址 049

北京延庆水泉沟冶铁遗址 052

明清时期冶铁炉 060

河北遵化铁厂冶铁遗址 060

湖南永兴平田村清代冶铁炉 062

第三章 古代铸铁 065

小型铸铁器具 066

农具 066

兵器 071
日用器 074
古代大型铁质铸件 078
当阳铁塔 079
沧州铁狮 082
蒲津渡铁牛与铁人 083
第四章 古代炼钢技术 085
块炼渗碳钢 087
铸铁柔化与铁范铸造 091
铸铁脱碳钢 095
炒钢 096
百炼钢 102
灌钢 106
夹钢与贴钢 113
第五章 冶铁鼓风器 115
原始鼓风器 118
装有活门的皮囊 122
畜力与水力鼓风 126
木扇 130
双作用活塞式风箱 141
参考文献 154
后记 158

引言

INTRODUCTION

钢铁是人类社会最重要的金属材料之一。考古学家一般将古代社会分为“石器时代”、“青铜时代”和“铁器时代”三个阶段。铁器的生产加工和性能水平被视为判断社会文明发展程度的重要标志，铁器工具的意义被提高到了划分人类社会文明阶段的高度。

中国自战国时期开始逐步进入铁器时代；汉代的时候，社会全面实现了铁器化。这对社会各个领域都产生了重要的影响，也成为中国社会发展史上的一个重要转折点。

钢铁为什么有如此大的影响力？答案：物美价廉。

熟铁柔软，生铁脆硬，但通过渗碳、脱碳可使铁变性成钢或可锻铸铁，具有远较青铜为优的强度和韧性，且可使用淬火、退火等工艺，在较宽广的范围内予以调节。

铁矿藏在地球上分布非常广，几乎每个地区或多或少都有铁矿石。铁在地壳中蕴藏总量约占地壳总重的 4.75%，在各种金属中仅次于铝。

铁（Fe）：银白色金属，位于元素周期表中第四周期Ⅷ族，原子序数为 26。纯铁有很强的铁磁性，有良好的延展性、可塑性和导热性，易氧化。人类常利用的铁矿主要有：磁铁矿、赤铁矿、褐铁矿、菱铁矿等。

古代人们冶炼出来的钢铁都属于铁碳合金，也会有微量的硅、锰、磷、硫等。

含碳量在 0.0218% 以下称为纯铁，也称为熟铁。

含碳量在 2.11%~6.69% 之间称为生铁。可通过铸造的方法制成铁器，也称铸铁。一般分为白口铁、灰口铁和麻口铁，还有一种特殊的球墨铸铁。

白口铁，碳在铁中以渗碳体存在，断口呈白色，质地脆硬，又分为亚共晶白口铁、共晶白口铁和过共晶白口铁。

灰口铁，又称铸造生铁，碳以片状的石墨形态存在，断面呈深灰色，质地较白口铁略软，可切削加工，铸造性能好，较耐磨。

麻口铁，介于白口铸铁和灰铸铁之间，断口呈灰白相间的麻点状，碳既以渗碳体形式存在，又以石墨状态存在。

球墨铸铁，碳以球形石墨的形态存在，其力学性能远胜于灰口铁而接近于钢，具有优良的铸造、切削加工和耐磨性能，有一定的弹性。

含碳量在 0.02%~2.11% 称为钢，按碳含量不同，一般分为低碳钢 (<0.25%)、中碳钢 (0.25% — 0.6%) 和高碳钢 (>0.6%)。

在一般的行文中，“铁”的含义有所不同；有时候专指熟铁或生铁，有时候也可以指所有铁合金，要看具体语境。

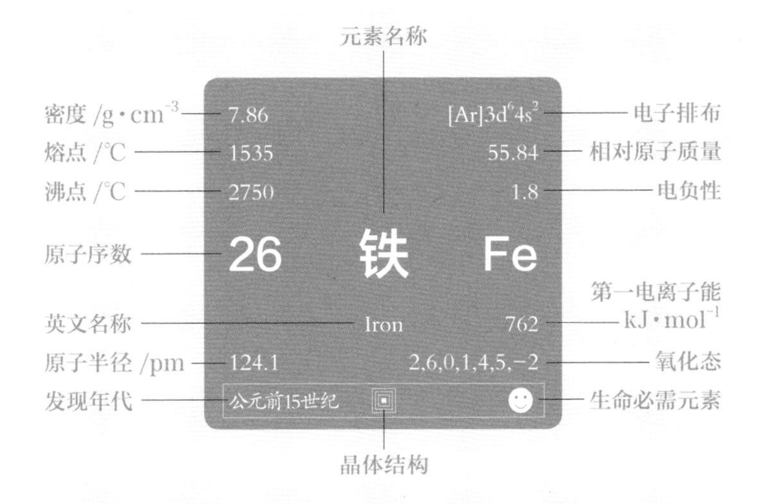

天然陨铁的利用 · TIANRANYUNTIE DE LIYONG

早期块炼铁与冶铁业的出现 · ZAOQIKUAILIANTIE YU YETIEYE DE CHUXIAN

生铁冶炼技术的出现 · SHENGTIEYELIANJISHU DE CHUXIAN

CHAPTER 1

第一章

人工冶铁技术的发明

陨铁的利用

地球上天然存在的铁元素主要以氧化物、硫化物或碳酸盐等化合物形态存在。但也有极少量天然铁：一种是自然还原而成的铁，极其罕见，目前仅在格陵兰岛发现，曾被爱斯基摩人用作刃具。另一种是陨铁，从外太空坠入地球，主要由铁镍合金组成。陨铁中镍占4%~20%，并含有钴、锗、镓、铱、铜、铬等元素，其余的大部分为铁。

陨星在太空中形成后，向外散热只有热辐射一种，冷却过程极为缓慢，冷却及转变过程达 4×10^9 年，冷却速度为1℃~10℃/百万年，使陨铁形成特殊的魏氏组织，其中镍、钴成分在极慢冷却速度下呈层状分布。这种铁镍合金锻造性能好，强度高，制作的器物锋利。

已知最早的陨铁器物是公元前4000年前后，在尼罗河流域的格泽（Gerzeh）发现的匕首，含镍7.5%，在幼发拉底河的乌尔地区（Ur）发现的匕首，含镍10.9%。

由于陨铁非常稀少，古人一般将陨铁与铜组合起来，作为铜铁复合器的刃部。

河北藁城台西村、北京平谷分别发现了一件铁刃铜钺，年代约在公元前14世纪，相当于商代中期，是目前中国发现最早的陨铁制品。铁刃铜钺的发现表明当时的工匠已认识了铁与青铜在材质上的差别，熟悉了铁的热加工性能。稍晚一些，在河南浚县发现了一件铁刃铜钺和一件铁援铜戈，其时代为商末周初，大约公元前10世纪。

1-1-1

铁刃铜钺

【河北藁城台西村商代遗址出土】

说明 残长 11.1 厘米。钺为铜身铁刃，铁刃断失，残存部分的后段夹于青铜器身内，夹入部分约 1 厘米。内方形，中部有一圆穿，内身之间以阑相隔。钺身两面靠近阑部均饰有乳丁纹。此钺是目前已知中国最早的铁制品，距今约 3400 年。

三门峡西周晚期两座虢国国君（公元前 9~ 公元前 8 世纪）墓地出土了六件铁刃兵器和工具。经冶金史研究者鉴定，其中三件为陨铁制品，包括：铜内铁援戈、铜銎铁锛、铜柄铁削。另外三件为人工冶铁制品。表明中国古代工匠选用陨铁作器具，至迟从公元前 14 世纪商代中期开始，到公元前 9 世纪西周时期仍在使用，延续使用 500 年以上。

◀

1-1-2

铜内铁援戈

【三门峡西周晚期虢国墓地出土】

说明 器身残长19.0厘米，栏长11.1厘米，内长7.5厘米、宽3.5厘米、厚0.4厘米。铁援因锈蚀膨胀残断，铜质内、胡及援本部均存完好；铜质援本部、内部饰以绿松石片镶嵌；铁质部分为陨铁锻打成形，然后固定在铸范中，再铸造铜质部分，铜液冷却后与铁刃紧密结合。

云南境内少数民族也曾使用陨铁兵器。唐代段成式《酉阳杂俎》记载南诏国“毒槊”系从地下挖取陨铁制成，将其视为神物：

毒槊，南蛮有毒槊，无刃，状如朽铁，中人无血而死。言从天雨下，入地丈余，祭地方撅得之。

早期块炼铁与冶铁业的出现

目前的研究者多认为冶铁技术开始于小亚细亚。那个时候尚处于青铜时代，可能是在冶炼铜的时候，铜矿借助于铁矿石作助熔剂，有金属铁也被还原了出来，从而发现了人工冶铁的方法。

早期人工冶铁采用低温固体还原法，也被称为块炼法。其冶铁炉一般是在地面上挖一个坑，做成碗状，深不足 30 厘米。在其外沿用砖或黏土垒高。为了提高炉温，增加产量，也会建立一些竖式炉，高度一般在 2 米以下。冶炼时使用品位较高的富铁矿作为原料，以木柴或木炭用作燃料和还原剂。将他们混合起来，点燃后通过鼓风管向炉中鼓风。木炭燃烧形成高温，炉内最高温度可达 1150℃左右，并生成具有还原性的一氧化碳，使铁矿石中的三价铁（三氧化二铁）和二价铁（氧化亚铁）还原成金属铁。

一氧化碳还原铁矿石，热力学要求温度达到 500℃～600℃；但也要达到一定反应速度，使还原得到的金属铁聚结，实际上要求温度为 1000℃或更高。由于当时的鼓风技术较为原始，只能靠自然通风或者小型皮囊鼓风，而且炉容比较小，冶炼炉里面的温度不能达到使金属铁完全熔化的高温（1540℃），得到的只能是半熔融海绵状铁渣混合的团块，被称为海绵铁。

冶炼完成后，趁热将炉子打开，把海绵铁取出来，用钳子夹住，放在砧子上，反复地捶打，挤出一部分或大部的夹杂物，并制成所需要的形状。这种产品被称为块炼铁。块炼铁含碳量很低，属于熟铁，质地疏松，其中有不少未完全除净的夹杂物，主要是二氧化硅等。

1-2-1

马达加斯加岛上的块炼铁冶炼场景

【图片来源：William Ellis, Joseph John Freeman. History of Madagascar[M]. London: Fisher, Son, & Co, 1838. 308.】

欧洲在中世纪以前一直用碗式炉、拱式炉和低矮竖炉生产块炼铁。直到12~13世纪之后，欧洲才开始用竖炉冶炼液态生铁。18世纪以后，高炉冶铁技术迅猛发展，极大推动了工业革命进程。

1-2-2

古代格鲁吉亚块炼铁生产场景复原图

【图片来源：David A K. The manufacture of Iron in andent Cdchis[M]. British Archaeological Reports, Oxford, 2009: 116.】

1-2-3

公元 9 世纪捷克东部块炼铁生产场景复原图

【图片来源：Pleiner R. The archaeometallurgy of iron——recent developments in archaeological and scientific research[M]. Prague: Institute of Archaeology of the ASCR, 2011: 297.】

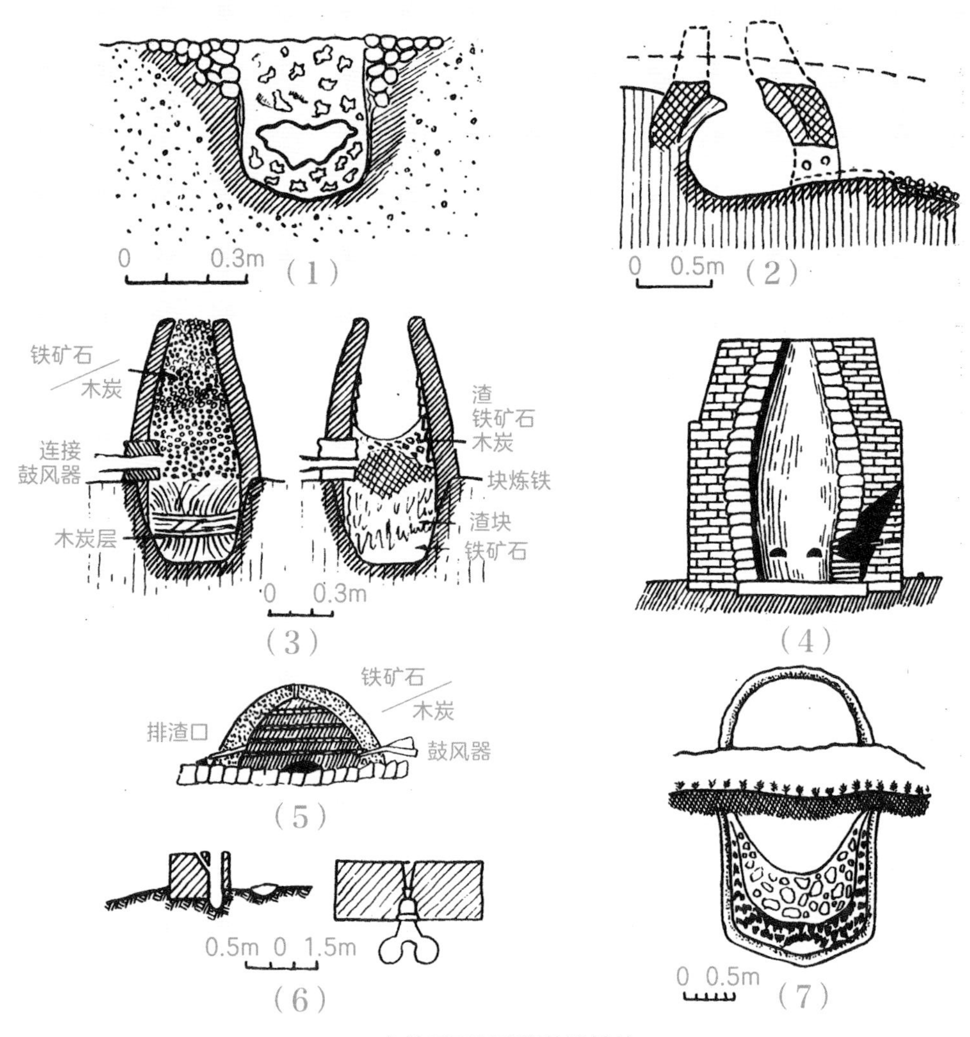

各地区不同类型的冶铁炉

(1)位于奥地利，瓦森伯格，哈尔施塔特晚期遗址(引自：P.Pleiner)
(2)位于德国，Silberquell 遗址(引自：P.Pleiner)
(3)冶炼前后的竖炉内部状况(引自：P.Pleiner)
(4)灰泥炉——用砖围砌内抹炉衬(引自：P.Pleiner)
(5)块炼铁炉(引自：P.I.Forbes)
(6)有考古年代前的冶铁炉，位于格鲁吉 克维莫 - 卡特利州的博尔尼西(引自：I.A.Gzelishvili)
(7)斯基泰人时期(公元前 8~ 前 3 世纪)的一处冶铁炉遗址，位于俄罗斯格罗迪奇(引自：B.A.Shramko)

1-2-4

欧洲块炼铁炉及早期竖式炉复原图

【图片来源：David A K. The manufacture of Iron in andent Cdchis[M]. British Archaeological Reports, Oxford, 2009: 118.】

中国人工冶铁始于何时何地？从目前的考古发现来看，不少学者认为中国的人工冶铁技术是经新疆而传入。

近几十年来，考古工作者们在新疆焉不拉克、苏贝希、察吾乎沟口、伊犁河流域等文化遗址发现了很多公元前1000年前后的铁器。经检测分析，均为块炼铁锻打制品或块炼渗碳钢制品。

近年来，考古工作者们又在甘肃省甘南藏族自治州临潭县陈旗乡磨沟村公元前14世纪墓地出土了的两件铁器，属于齐家文化时期。其中铁条从金相照片来看，为块炼渗碳钢制品，是目前已知中国最早的人工冶铁制品。

如果陈旗乡磨沟村的铁器技术也是从西方传来，就意味着可能会有更多的早期铁器在这一地区、河西走廊和新疆出土。当然，这还要寄希望于更多考古资料的发现与再发掘。

1-2-5

铁条和锈铁块 · 公元前*14*世纪两件铁器样品

【图片来源：陈建立，毛瑞林，王辉等，2012】

说明 中国目前最早的人工冶铁制品，甘肃临潭磨沟村墓地出土。铁条出土时已断为两节，稍长的一段约长3.9、直径0.6厘米，稍短的一段呈弯曲状，长约3厘米。

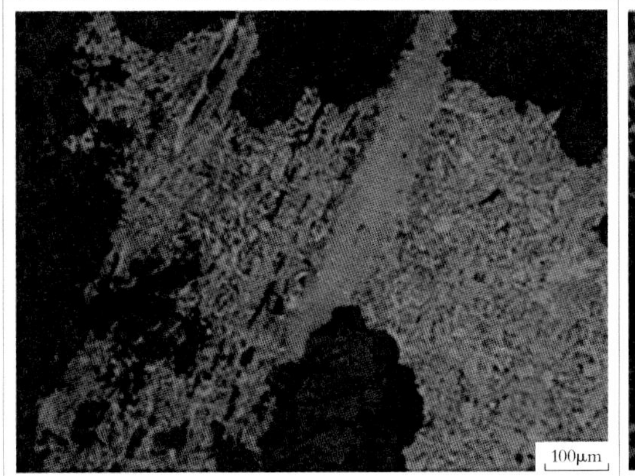

金相组织

说明 组织不均匀，含碳量有高有低，复相夹杂物变形拉长，有微量磷元素偏析形成的带状组织。

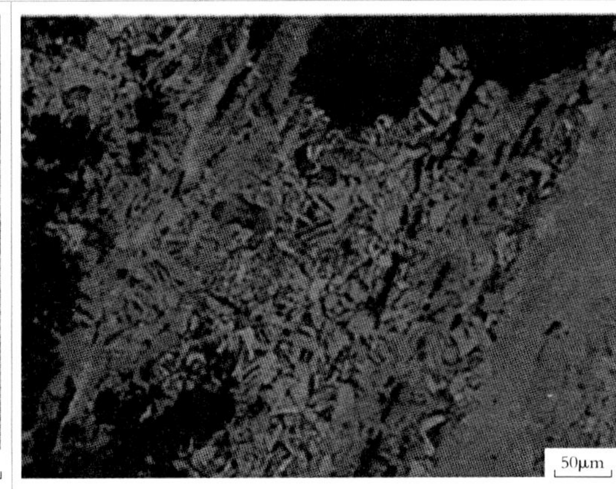

中心高碳部位的金相组织

说明 铁素体＋珠光体组织，含碳量约 0.2%–0.3 %，边缘部位含碳量较低。

1-2-6

甘肃陈旗乡磨沟出土的公元前 14 世纪铁条组织照片·（*M444：A7*）

【图片来源：陈建立，毛瑞林，王辉等，2012】

中原地区最早的人工冶铁制品是河南三门峡两座西周晚期虢国国君墓（公元前 9~ 公元前 8 世纪）出土的另外三件铁器，都属于兵器，分别为玉柄铁剑、铜内铁援戈、铜骹铁叶矛，经鉴定分别为块炼铁和块炼渗碳钢制品，与世界其他文明古国地区使用的块炼法技术类似。

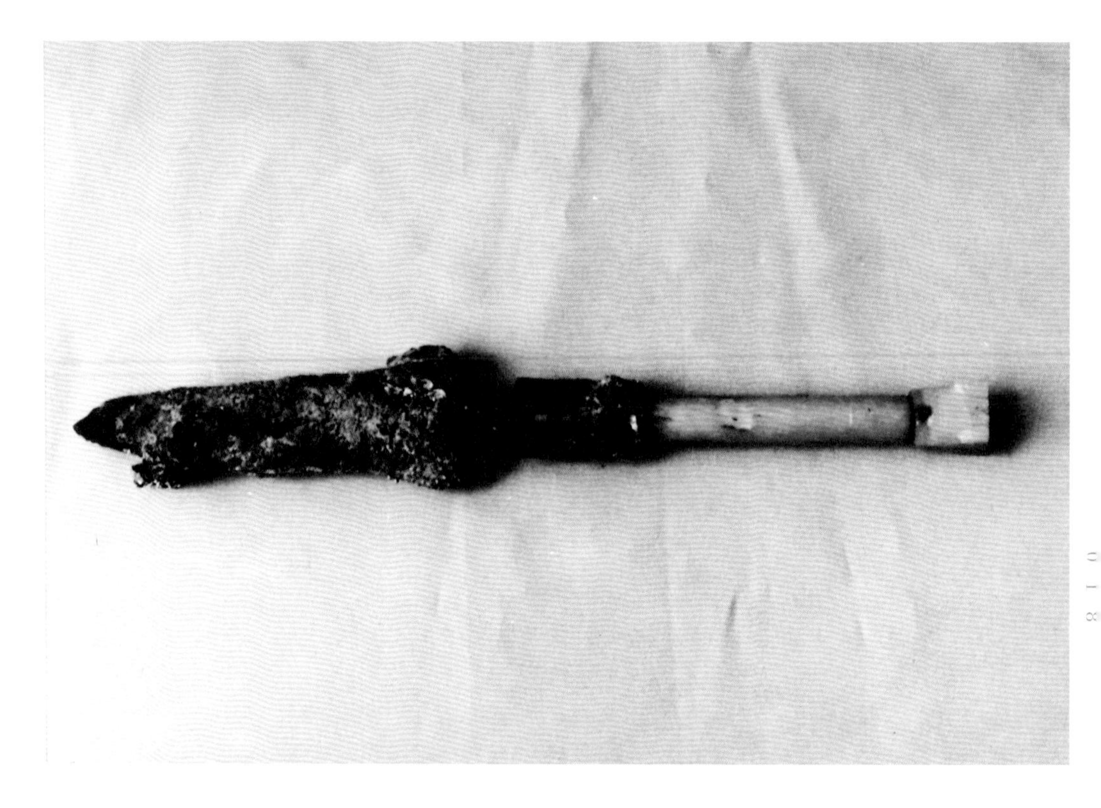

1-2-7

玉柄铁剑

【三门峡虢国博物馆藏】

说明 由铁质剑身、玉质剑柄和铜质柄芯组成，剑身中部有脊，锋作柳叶形，与铜质柄芯两面锻合。铜质柄芯前端呈条状，有利于与剑身脊部锻合接。铜质柄芯表面还镶嵌条状绿松石。

在中国古代文献中也有不少关于铁的记载，反映了先秦时期制铁和用铁的情况，可以作为参考。

记录春秋时期齐国相管仲约公元前 7 世纪言行的书《管子·轻重乙篇》中记载：

……一农之事，必有一耜、一铫、一镰、一鎒、一椎、一铚……请以令断山木，鼓山铁，是可以无籍而用足。

另外，《管子·海王篇》《管子·地数篇》也记载了冶铁、用铁的事例，表明战国时确实已经大量用铁。而“断山木，鼓山铁”讲了伐木制炭，采矿、鼓风冶铁的事情。

《国语·齐语》记载，管仲向齐桓公讲述：

美金以铸剑戟，试诸狗马；恶金以铸鉏、夷、斤、斸，试诸壤土。

“恶金”可能指生铁，这句话可看作春秋末期用生铁铸造农具的例子。

先秦文献的成书时间常有些不同观点，可能为一段时间累积而成，中间收入了后人的观点。《管子》主要记载了齐国名相管仲的言行，但其成书时间是战国至秦代，非一人一时之笔，西汉刘向曾重辑。《国语》多认为系春秋末鲁国的左丘明所撰；但有现代学者从内容分析，认为是战国或汉后的学者托名春秋时期各国史官记录的原始材料整理编辑而成的。

此外，还有一些文献记载了更早的冶铁事例。但经后人考证，这些文献传说的成分居多。主要有以下一些：

南朝梁陶弘景著《古今刀剑录》记载夏代君王冶铁：

孔甲在位三十一年，以九年岁次甲辰，采牛首山铁铸一剑，铭曰夹。

《越绝书·越绝外传记宝剑》：

欧冶子、干将凿茨山，洩其溪，取铁英，作剑三枚。……风胡子奏之楚王。风胡子曰：'当此之时，作铁兵，威服三军，天下闻之，莫敢不服。此亦铁兵之神。'

《吴越春秋·阖闾内传》中也有干将制剑的文字：

干将作剑，采五山之铁精，六合之金英，……而金铁之精，不消沦流，于是干将不知其由。……于是干将妻乃断发剪爪，投入炉中，使童女童男三百人鼓橐装炭，金铁乃濡，遂以成剑，阳曰干将，阴曰莫邪。

《古今刀剑录》《吴越春秋·阖闾内传》《越绝书·越绝外传》中的记载都不宜作为早期生铁冶炼的直接证据，只能认为该书作者认为其所记述的时代有了冶铁或用铁的活动。

文献记载，在汉代时中原地区生铁冶炼技术开始西传。

《史记·大宛列传》记载（司马迁，1959）：

自宛以西至安息国，……其地无丝漆，不知铸钱（集解：徐广曰：多作"钱"字，又或作"铁"字。）器。及汉使亡卒降，教铸作它兵器。

《汉书·西域传》中也有相同的记载。这段话多被认作西域生铁技术是由中原地区传入的依据。

生铁冶炼技术的发明

生铁冶炼技术的发明是中国古代在钢铁技术领域最突出的成就之一。考古发现和文献记载两方面都显示，春秋晚期的冶铁技术发生了重大变革。

根据当前的考古发现，最早的生铁制品是春秋早期和中期（约公元前 8 至 7 世纪）的两件铁器残片，发现于山西南部曲沃、翼城两县境内的天马－曲村遗址。根据分析，其材质分别为过共晶和共晶白口铁，是典型的生铁产品。之后，在华北、中原、华东、中南等广大区域内都发现了生铁产品，如铁铲、铁斧、铁镢、铁锛、铁锄等。到了公元前 5 世纪，几乎有一半的铁器产品是由生铁制成的。

在春秋末期成书的《左传》中也有一则记载，讲“昭公二十九年”（公元前 513 年）：

冬，晋赵鞅、荀寅帅师城汝滨，遂赋晋国一鼓铁，以铸刑鼎，著范宣子所为刑书焉。

即公元前 513 年晋大夫赵鞅、荀寅领兵到汝水边上筑城，对晋国（晋都）征收了“一鼓铁”用来铸造刑鼎，鼎上铸了由范宣子所制定的刑书。对这段文字，此前有人认为“鼓”是一种量具，可作为量词；但更准确的解释：“鼓”即鼓橐、鼓风，本身是动词，借用为量词。冶铁过程中不能停风，需要连续鼓风；“鼓”可以理解为一次冶炼所产的铁。

这句话中最重要的内容是用铁铸造刑鼎。块炼铁属于熟铁，其熔点接近纯铁的熔点 1535℃。在古代技术条件下，无法熔化块炼铁，只能锻造加工。而生铁的熔点在 1300℃左右，当时只有生铁才能被熔化、铸造。这反映出当时已经有了生铁冶炼铸造技术。这段文字被当作已知的、确切反映中国古代生铁冶炼技术的最早文字记载。

除了可以铸造，生铁比块炼铁还有哪些优势呢？

冶炼生铁使用高大的竖炉，可以达到1400℃以上的高温，属于高温液态冶炼法，生产效率远高于块炼铁，而且铁中的渣含量也非常低。

冶炼生铁的竖炉高度一般在3.5米以上，从炉顶投入木炭、铁矿石以及石灰石或萤石等含钙或镁的助熔剂；用鼓风器强力鼓风，产生高温和以一氧化碳为主的还原性煤气；矿石中的铁被还原出来，并急剧渗碳，含碳量增加到2%以上，熔点降低，成为液态生铁。助熔剂与铁矿石中的二氧化硅等反应生成液态炉渣。液态渣铁滴落、汇聚到炉缸中。铁的密度较大，渣的密度比较小，两者自然分层。将液态的铁和渣定时放出来，铸成型材或铁器。

中国古代竖炉的炉型结构、冶炼原理与现代冶铁高炉基本一致。

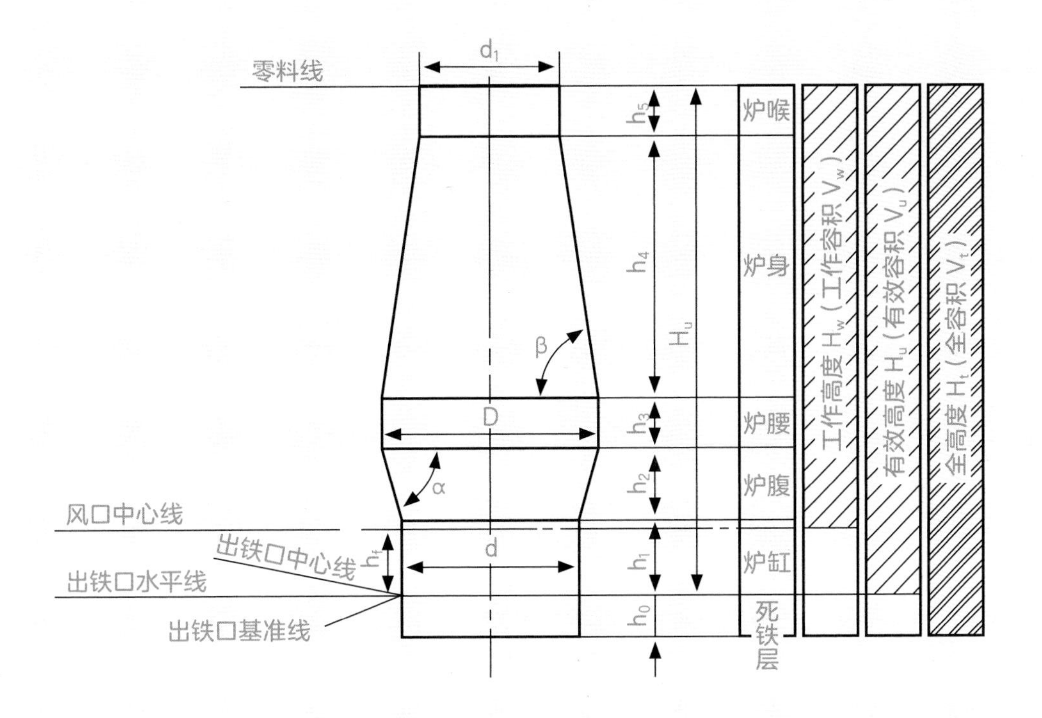

d. 炉缸直径；D. 炉腰直径；d_1. 炉喉直径；H_u. 有效高度；h_1. 炉缸高度；
h_2. 炉腹高度；h_3. 炉腰高度；h_4. 炉身高度；h_5. 炉喉高度；
h_0. 死铁层高度；h_f一风口高度；α一炉腹角；β一炉身角

1-3-1

现代高炉内型示意图

【图片来源：王筱留．钢铁冶金学（炼铁部分）[M]．3 版．北京：冶金工业出版社，2013：374.】

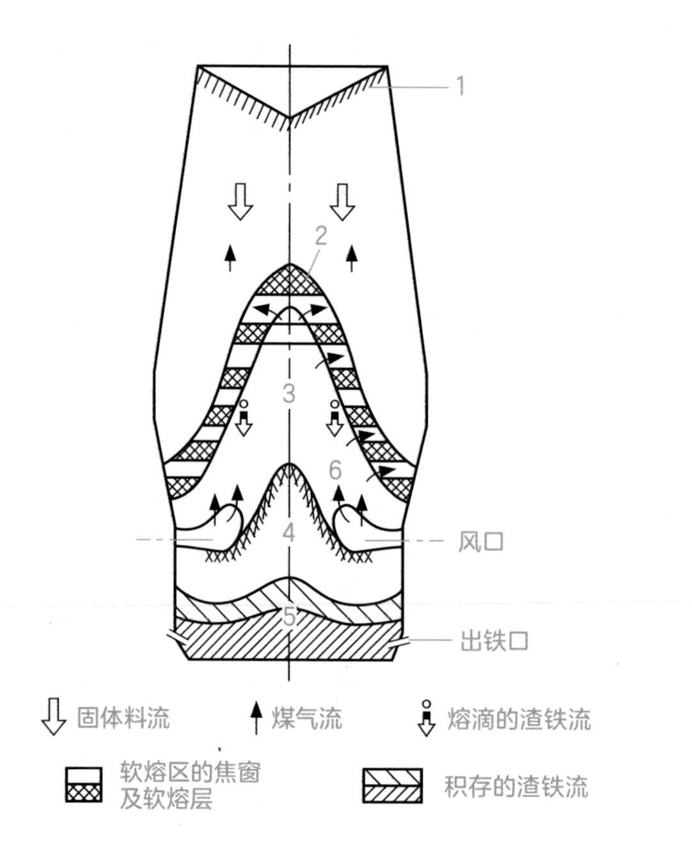

1. 固体炉料区；2. 软熔区；3. 疏松焦炭区；
4. 压实焦炭区；5. 渣铁储存区；6. 风口回旋区

1-3-2

运行中的高炉纵剖面图

【图片来源：王筱留. 钢铁冶金学（炼铁部分）[M]. 3 版. 北京：冶金工业出版社，2013：7.】

现代高炉内各区域进行的主要反应及特征见下表。古代竖炉运行时，内部也存在类似的层带分布，但各层带形状受风口配置、炉型等影响，与现代高炉略有不同。

高炉内各区域进行的主要反应及特征

区号	名称	主要反应	主要特征
1	固体炉料区（块状带）	间接还原，炉料中水分蒸发及受热分解，少量直接还原，炉料与煤气间换热。	焦与矿呈层状交替分布，皆呈固体状态，以气－固反应为主。
2	软熔区（软熔带）	炉料在软熔区上部边界开始软化，而在下部边界熔融滴落，主要进行直接还原反应及造渣。	为固液气间的多相反应，软熔的矿石层对煤气阻力很大，焦窗总面积及其分布决定了煤气流动及分布。
3	疏松焦炭区（滴落带）	向下滴落的液态渣铁与煤气及固体炭之间进行多种复杂的质量传递及传热过程。	松动的焦炭流不断地落向风口回旋区，其间又夹杂着向下流动的渣铁液滴。
4	压实焦炭区（死料柱）	在堆积层表面、焦炭与渣铁间反应。	相对呆滞
5	渣铁储存区（冶铁产品反应带）	在铁滴穿过渣层及渣铁交界面上发生液液反应，由风口得到辐射热，并在渣铁层中发生热传递。	渣铁层相对静止，只有在出渣、出铁时才会有较大扰动。
6	风口回旋区（燃烧带）	焦炭及喷入的辅助燃料与热风发生燃烧反应，产生高热煤气，并主要向上快速逸出。	焦块急速循环运动，消耗燃料，产生煤气，是炉内温度最高区域。

用竖炉可以高效、连续生产冶炼生铁，且经过液态分离，铁中的杂质非常少，是一种更为先进的人工冶铁技术。但需要大量准备工作，需要较高的冶炼技艺以及人员组织能力。

其实在块炼铁炉中，如果炉容较大，温度够高，偶然也会得到生铁，沉降在炉底。欧洲人将其称为 pig iron，由形似小猪得名。但是他们不懂得铸造铁器，也不懂得怎样把生铁制成钢，只能将之抛弃。

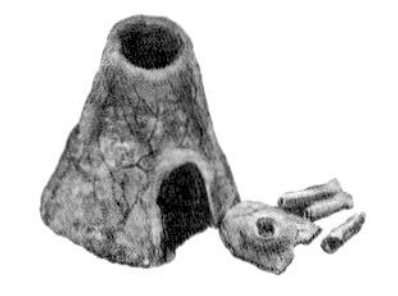

根据目前的考古发现，欧洲直到公元 12~13 世纪才开始有意识的建立竖炉冶炼生铁。比中国晚了整整两千年。生铁冶炼技术对中国古代社会文明程度长期领先于世界各国，对维系中华文明的传承和发展产生了重要贡献。而西方在掌握生铁冶炼技术之后，将其快速革新，炼焦、鼓风等相关技术也一并发展，逐渐发展为近现代的冶铁高炉，为工业革命的兴起及之后的社会生产发展提供了有力的物质保障；世界版图随之剧变。可以说，生铁是一项影响人类社会发展进程的重大发明。

中国古代钢铁技术体系

从竖炉中冶炼出来的生铁熔点较低，适合铸造成器。古代很多农具、大型造像等都是用生铁铸造而成。但生铁非常硬，而且脆，不太适合承受猛烈的撞击。一般要将生铁制品施以退火、脱碳等处理，制成韧性铸铁、脱碳铸铁或者铸铁脱碳钢，使其具有一定的韧性。汉代还发明了炒铁（炒钢）技术，在半熔融的状态下搅拌生铁，使其部分脱碳变成钢，或者全部脱碳制成熟铁，再通过渗碳加工，制成各种碳含量、碳分布不同的钢制品。东汉也出现了灌钢工艺，将生铁与熟铁组合在一起，共同加热，快速高效可控地制成优良的钢制品。后来，在灌钢技术上，进一步简化，发明了擦生等工艺。东汉末还出现了贴钢工艺，魏晋时期出现了夹钢工艺，通过锻造制作复合钢铁制品。

以上这些钢铁技术被总称为“生铁和生铁制钢钢铁技术体系”。这一体系在汉代的时候初步成形，后世不断改进、补充和完善。这一技术体系为中国古代的钢铁产业提供了坚实的技术支持，为下游产业提供了物美价廉的原材料，极大地促进了农业、手工业、军事装备、交通等各领域的发展。

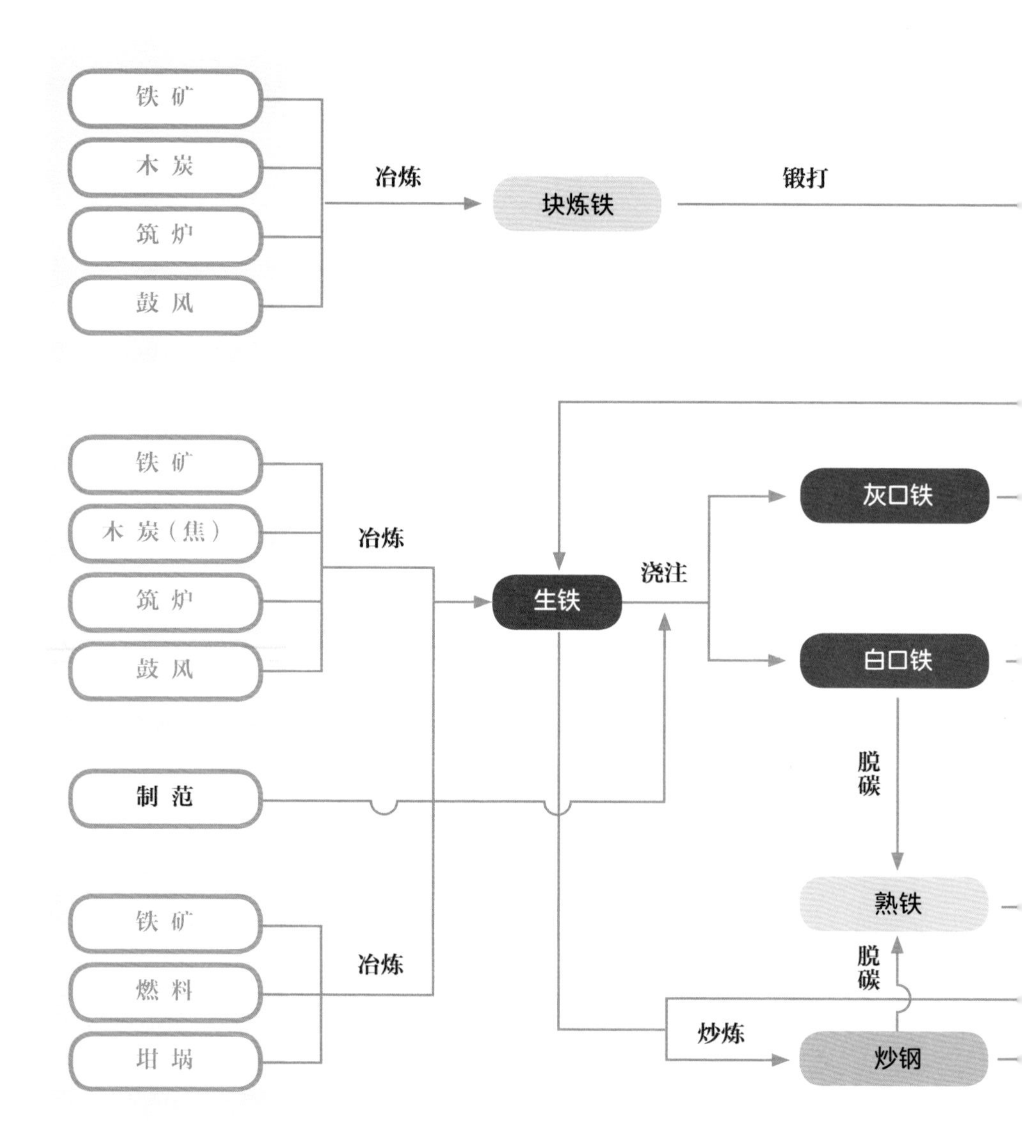
铁矿
木炭
筑炉
鼓风
冶炼
块炼铁
锻打
铁矿
木炭（焦）
筑炉
鼓风
冶炼
生铁
浇注
灰口铁
白口铁
脱碳
制范
熟铁
铁矿
燃料
坩埚
冶炼
脱碳
炒炼
炒钢

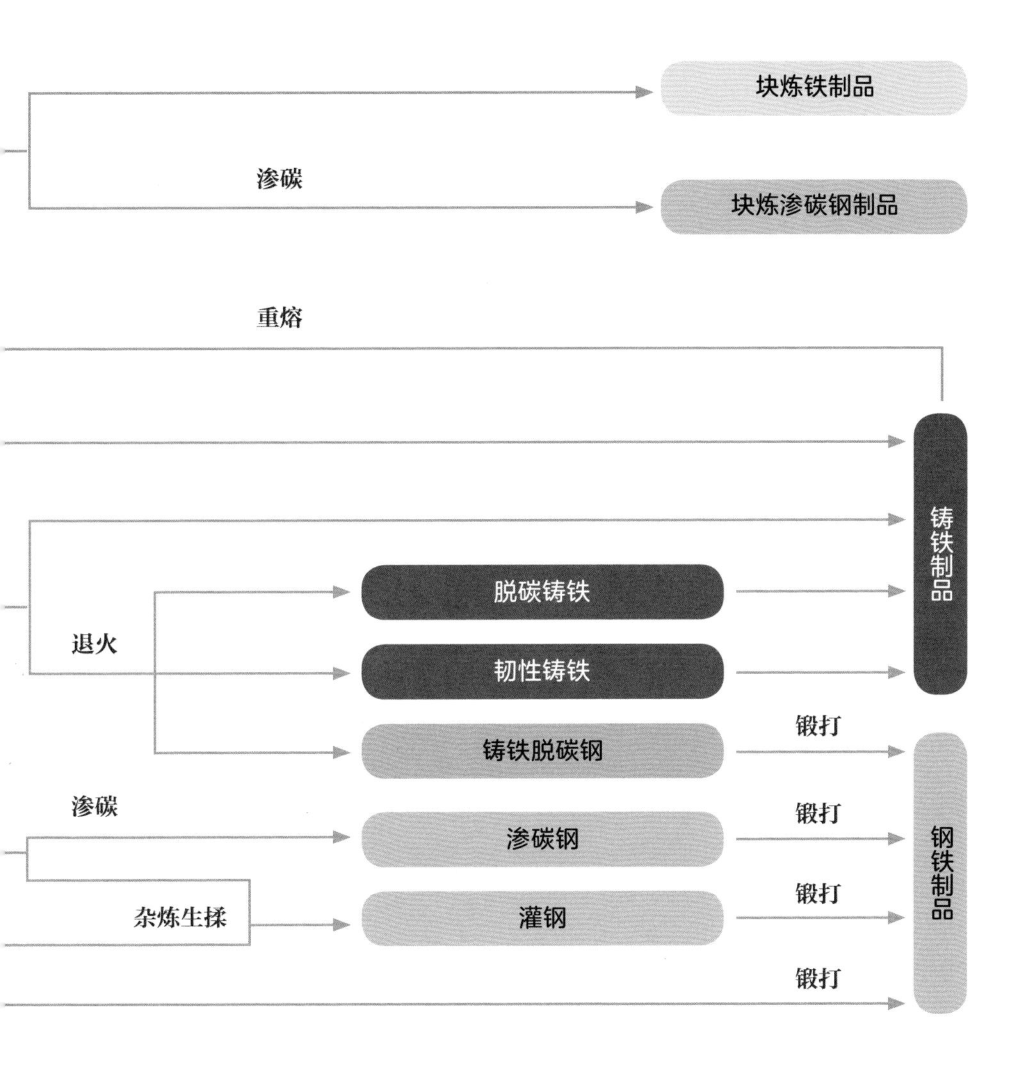

1-4-1

中国古代钢铁技术体系 · 黄兴 D·A 绘

西汉初年，割据岭南的南越国与汉廷交恶，吕后对南越实施铁器禁运，迫使南越武帝赵佗三次向汉廷上书请求解禁。

汉武帝时期，为了加强对经济的控制、增强财政实力、集权统治，曾采取了一系列新政策，其中重要的措施之一是实行“盐铁官营”。

史书记载，当时在全国设立 49 处铁官，生产铁器或者管理铁器的专卖事宜等；不产铁的县设小铁官，“销旧器铸新器”。这为汉匈战争取得最后胜利，提供了强大的物质支持。

到东汉时期，铁器工业已全面成熟，铁器普及到社会生活的各个领域，包括边远地区在内的全国各地基本实现了铁器化。

从战国时期开始，铁器及冶铁术向我国的边远地区以及周边国家和地区大规模扩展，先是向东传播到朝鲜半岛以及日本列岛。在西汉时期，又向西传播到西域等地，对汉代西域、朝鲜半岛、日本列岛等地的社会发展产生了极大的推动作用。

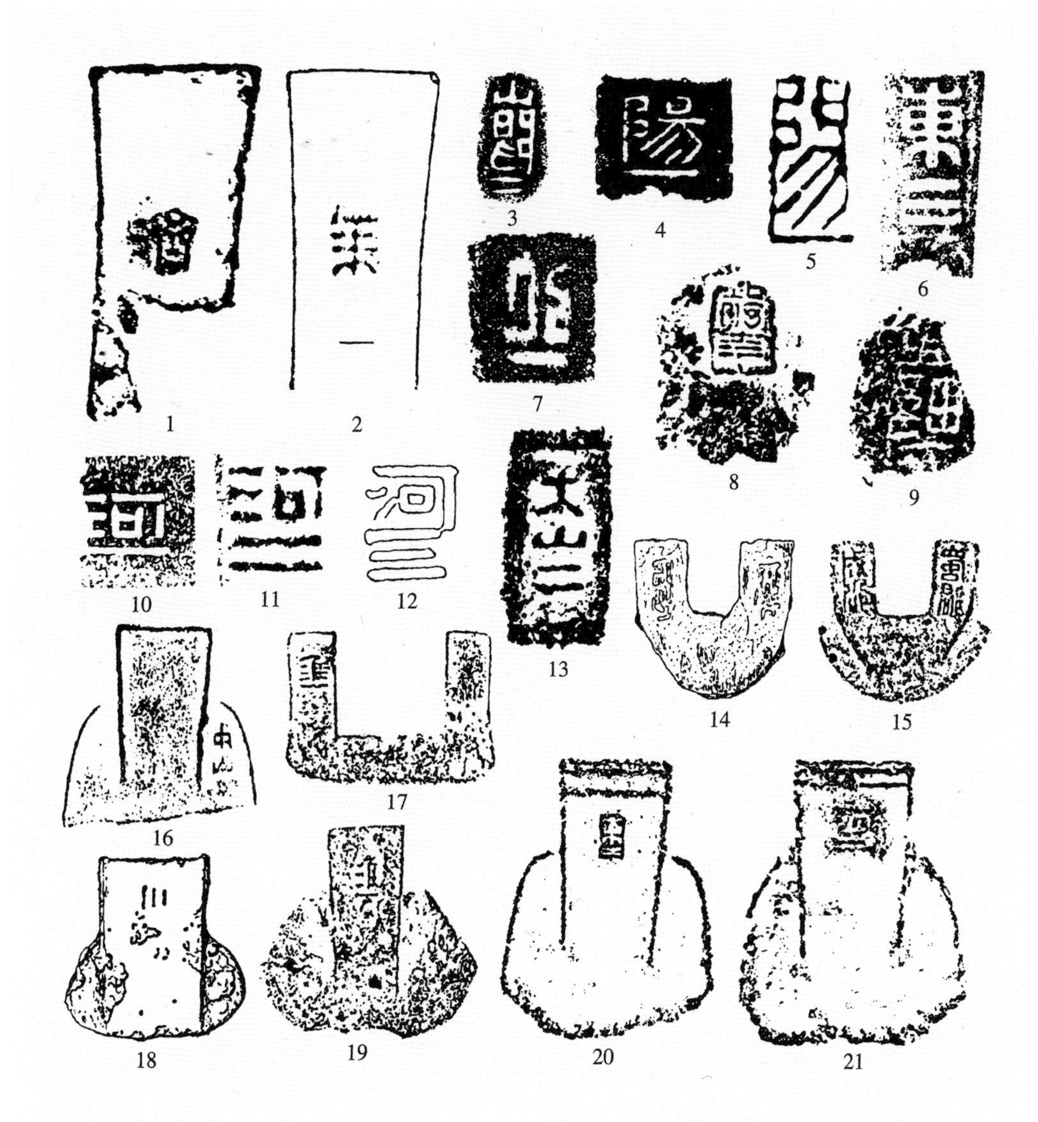

1."济"铭铁竖銎镢（沂水南张庄）
2."莱一"铭铁竖銎镢（威海桥头镇）
3.铲陶范"山阳二"铭（滕县薛城皇殿岗）
4.车釭陶模"阳一"铭（南阳瓦房庄 T21A:1）
5.铧冠陶模"阳一"铭（鲁山望城岗）
6.铲陶范"东三"铭（夏县禹王城）
7.铲陶范"弘一铭（新安上孤灯 HI:1-1）
8、9.陶范"钜野二"铭（滕县薛城皇殿岗）
10.陶模"河一"铭（郑州古荥）
11.铁铧冠"河二"铭（陇县高楼村）
12.铁器"河三"铭（巩县铁生沟）
13.锤铁范"大山二铭（章丘东平陵）
14."蜀郡"铭铁凹口锸（西昌东坪村）
15."蜀郡成都"铭铁凹口锸（鲁甸汉墓）
16."中山"铭铁铲（《汉金文录》收录）
17."淮一"铭铁凹口锸（修水横山）
18."川"字铭铁铲（长葛石固）
19."淮一"铭铁铲（修水横山）
20."东二"铭铁铲（陇县高楼村）
21."河二"铭铁铲（陇县高楼村）

1-4-2

汉代铁器上的铁官名铭文

【图片来源：白云翔．秦汉考古与秦汉文明研究 [M]．北京：文物出版社，2019：304．】

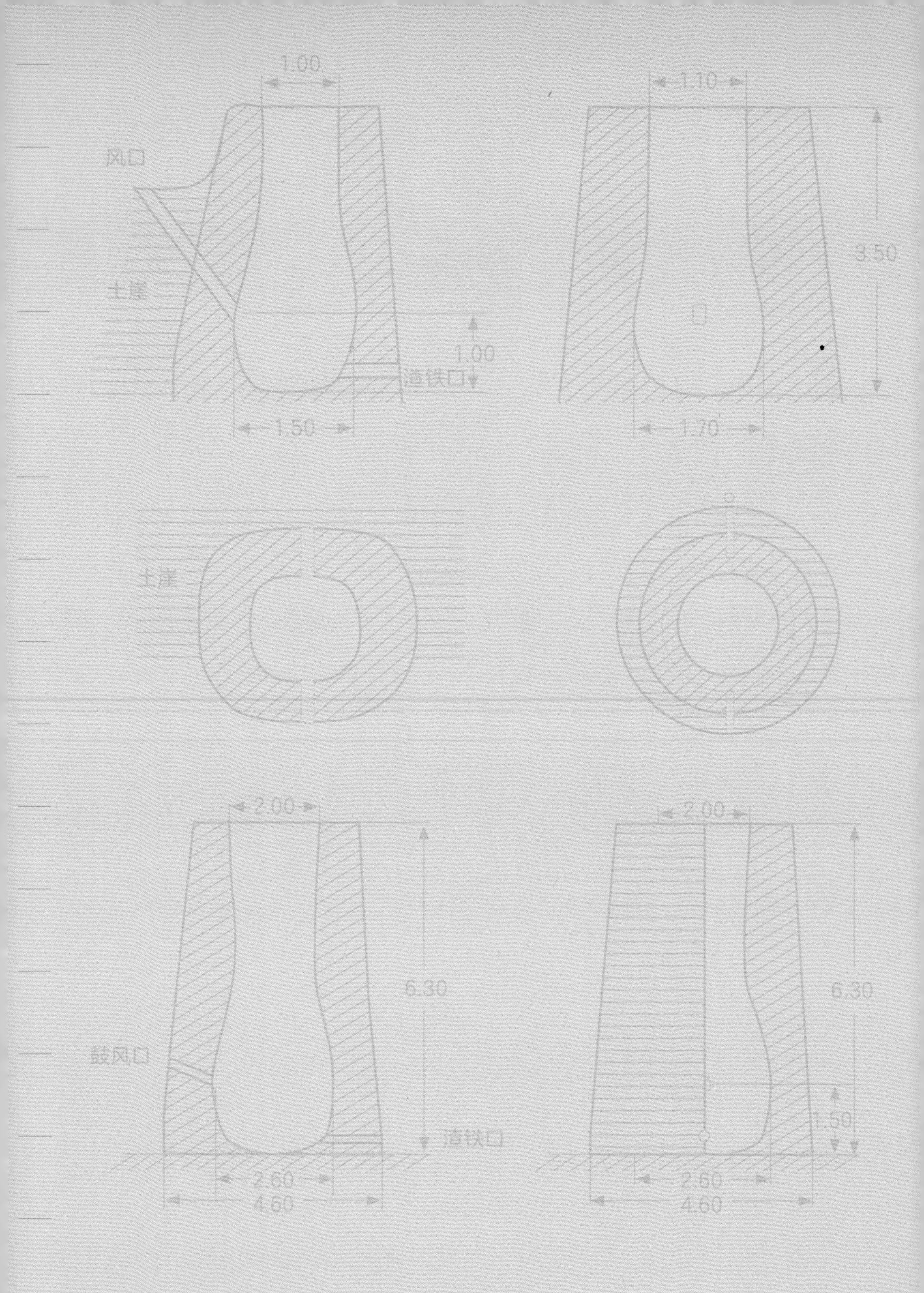

先秦冶铁竖炉 · XIANQIN YETIESHULU

汉代大型冶铁竖炉 · HANDAI DAXINGYETIESHULU

宋辽时期冶铁竖炉 · SONGLIAOSHIQI YETIESHULU

明清时期冶铁炉 · MINGQINGSHIQI YETIELU

第二章 古代冶铁竖炉

CHAPTER 2

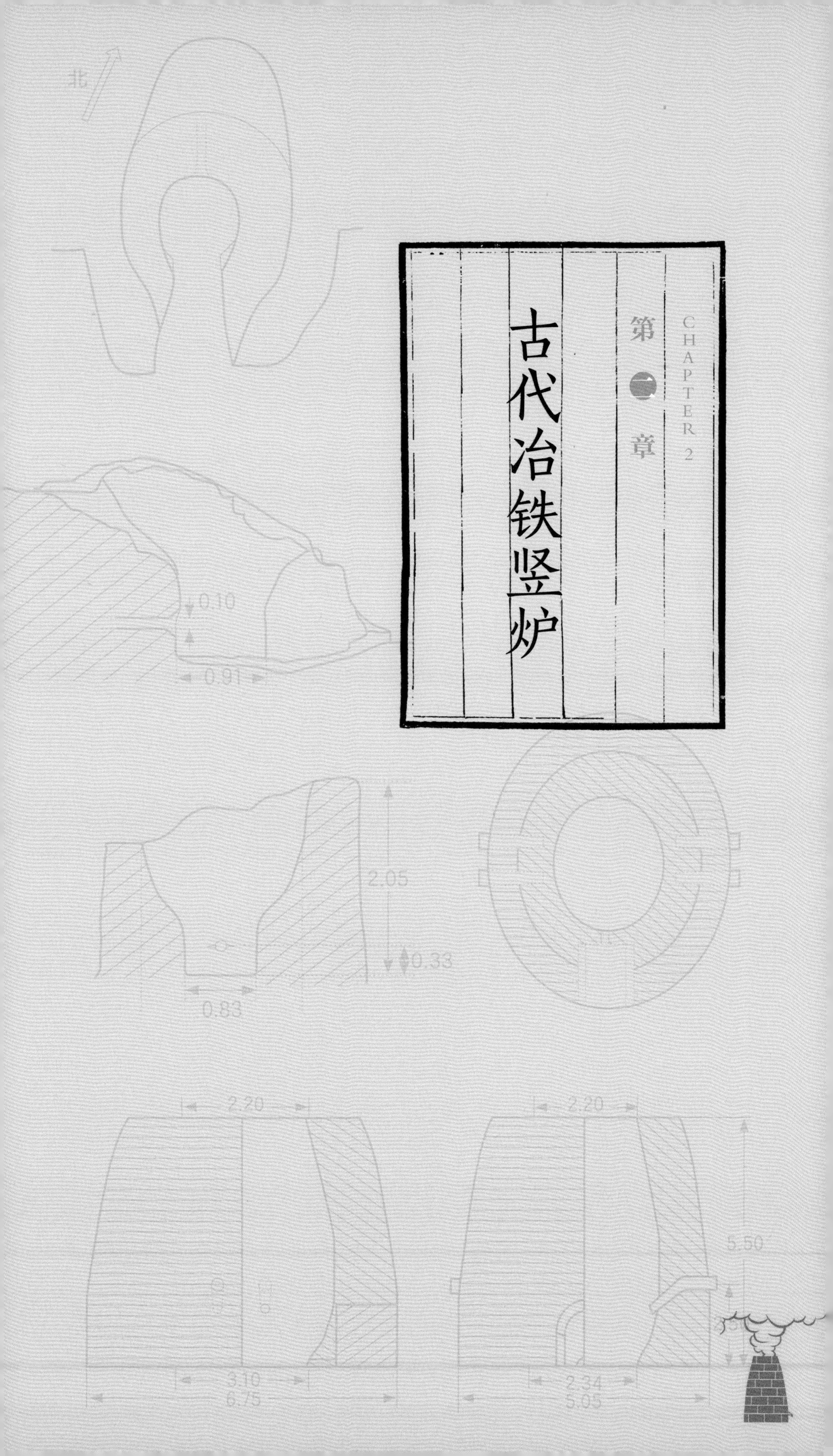

用竖炉冶炼生铁是中国古代最主要的制铁方式。古代形成了规模庞大的冶铁业，经过历代积累，遗留下了大量冶铁遗址、遗址和相关文物。

20世纪50年代以后，特别是在1958年“大炼钢铁”时期，各地发现并清理发掘了多处汉唐时期冶铁遗址，如河南巩义（巩县）铁生沟、汝州夏店、桐柏张畈、江苏利国驿等遗址，让我们对古代冶铁竖炉的状况有了初步认识。

20世纪70年代，发现了河南郑州古荥冶铸遗址、河南鲁山望城岗遗址等。这些遗址保存了丰富的古代冶铁技术信息。80年代以后，发现了河南西平酒店、南召下村、河北武安等多处重要冶铁竖炉遗迹。21世纪以来，在河南焦作、北京延庆、四川蒲江与邛崃、广西贵港等地发现了多处冶铁遗址，部分炉体保存较为完整。

根据对现有资料的统计，全国已发现近百座古代不同时期的冶铁竖炉，由于后期破坏所剩不多。本书作者从2009年开始，与其他研究者合作考察了从先秦至清代的近40座冶铁竖炉，得到了大量一手的考古资料。这些竖炉位于中原、华北、华东、四川、中南等传统冶铁业繁荣地区，是古代冶铁竖炉的典型代表，就像一座座纪念碑，矗立在田间地头，向人们展示着当初的冶炼盛况。

总体看来，中国古代冶铁竖炉起源于冶铜炉，经过长期发展，战国到西汉冶铁竖炉已有炉腹角，容积向大型化发展，出现了椭圆形竖炉；由于鼓风条件的限制，东汉以后竖炉向小型化、高效化发展。从唐代开始，北方用石块砌筑冶铁炉，炉身更加坚固，炉体上部内倾变得显著。南方则沿用夯土筑炉。宋代冶铁竖炉也有很多大型的冶铁炉，最高者高达6.4米。辽金境内的冶铁炉明显吸收了宋朝炉型技术。明清冶铁炉总体变化不大；清代坩埚冶铁技术在局部地区开始取代竖炉冶铁。

河南西平县酒店乡战国冶铁竖炉

目前已发现最早的生铁冶炼炉位于河南省西平县酒店乡赵庄村。考古工作者根据采集到的陶片、板瓦推断其年代为战国中期到晚期。

2-1-1

河南西平酒店冶铁炉 · 黄兴 摄

2-1-2

河南西平酒店冶铁炉顶部俯视 · 黄兴 摄

单位: m

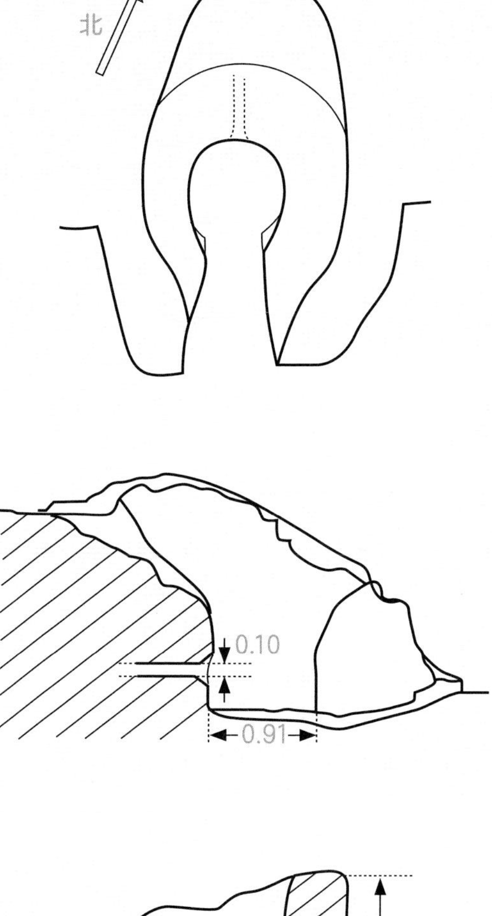

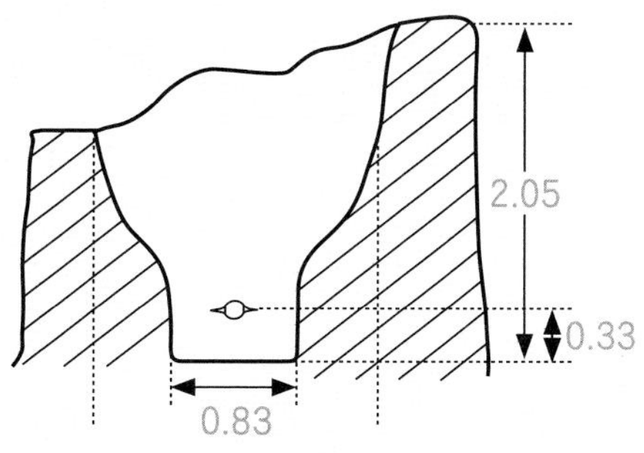

2-1-3

西平酒店冶铁炉现状示意图 · 黄兴 *D·A* 绘

该炉为土夯炉，依土坡而建，存有炉腹、炉缸、出渣出铁槽等。复原研究认为这座炉体高约 4 米，炉容约 5 立方米。这样的炉容不是太小，使炉料预热和铁的还原、渗碳都有了足够大的空间。炉腹角明显，炉缸和炉腹的横断面皆呈椭圆形，在鼓风能力较弱的情况下，风力也能到达炉缸中心。炉体利用山坡筑炉，可减少筑炉工作量，也便于上料和出铁操作。

炉子下部的一个贯通孔。一种观点认为这是炉底风沟的出风烟道。炉底设置风沟，燃烧木柴等，有利于炉缸保温，防止冻结。这种结构在湖北大冶铜绿山春秋炼铜炉也有发现，之后在冶、铸炉上多有沿用。另一种观点认为这是一个鼓风口，气流从这里吹进炉缸中，与现代高炉炉型相近。

汉代大型冶铁竖炉

古代早期，铁是由国家专营的。政府在各地设立“铁官”，管理冶铁事业。在春秋时期，管仲即在齐国实施“官山海”亦即盐铁官营的政策。秦国在南阳设郡建铁官。汉承秦制，全国设立了49处铁官，冶铁业迅猛发展。

为了提高产量，一些技术积累较好的铁官探索建立了一种椭圆形的、有巨大炉容的冶铁炉。目前在河南郑州古荥、河南鲁山等地发现了这样的遗址。

河南郑州古荥冶铁遗址

河南郑州古荥冶铁遗址是一处大型冶铁遗址，也是汉代“河一”铁官所在地。考古工作者曾在1965年、1966年调查和试掘这个遗址，1975年正式发掘。现场发现冶铁炉炉基2座、多个大积铁块、矿石堆、炉渣堆积区以及与冶炼有关的重要遗迹水井、水池、船形坑、四角柱坑、窑等，出土了一批耐火砖和铸造铁范用的陶模，以及大量铁器、陶器、石器。

两座炼铁炉的炉基东西并列，间隔约14.5米。炉基下部和炉前工作面连在一起，炉体位于北部，南部为炉前工作面。炉缸呈椭圆形。炉底、炉壁系用耐火土夯筑而成。

1号炼炉炉门向南，已损坏；炉缸呈椭圆形，现存炉址南北长轴4米，东西短轴2.7米。炉缸下部基础和炉前工作面基础相连，用红黏土掺矿石粉、炭末的黑褐色耐火土夯筑而成。炉缸经高温已变成坚硬的蓝灰色。炉缸底部凹凸不平，有残存的铁块和流入缝中的铁。炉壁残高0.54米。北壁厚1米，东壁残厚0.54米；北面宽9.5米、东面现存6米；炉西壁已损坏。

2 号炉存留下部基础，南北长 9.2 米，北宽 2.6 米，南宽 3.75 米，筑在早期炉基上。基础坑外夯筑黄土。工作面两侧挖深 1.2 米、边长 1.5 米的方坑，内置铁块为基础，栽立炉前作业架木的柱子。坑底铺 0.15 米厚的黄土泥，表面有凹凸不平的夯窝。

在 1 号炉南 5 米处挖出 1 号积铁，重约 20 余吨。积铁和炉底的形状吻合。1 号积铁的边缘立着一块条状的铁瘤，铁瘤与积铁成 118° 夹角，向外倾斜，高约 2 米。铁瘤靠着炉壁的一面，顶点距离积铁平面 0.8 米以上，瘤与积铁平面下段也成 118° 角。此外，该遗址还出土了其他多块大型积铁。这些积铁的矿石已经部分熔化，将木炭包裹在内。

2-2-1

古荥 1 号炉的炉底 · 潜伟 摄

2-2-2

古荥 1 号炉前坑内的 1 号积铁 · 黄兴 摄

根据以上考古发现，研究者普遍认为，这座冶铁炉的横截面是椭圆形，风嘴位于短轴两端，共有 4 个风嘴，相对排列，向炉内鼓风。炉容在 20 立方米以上；根据物料平衡计算，这座竖炉每天可以冶炼 0.5~1 吨生铁。

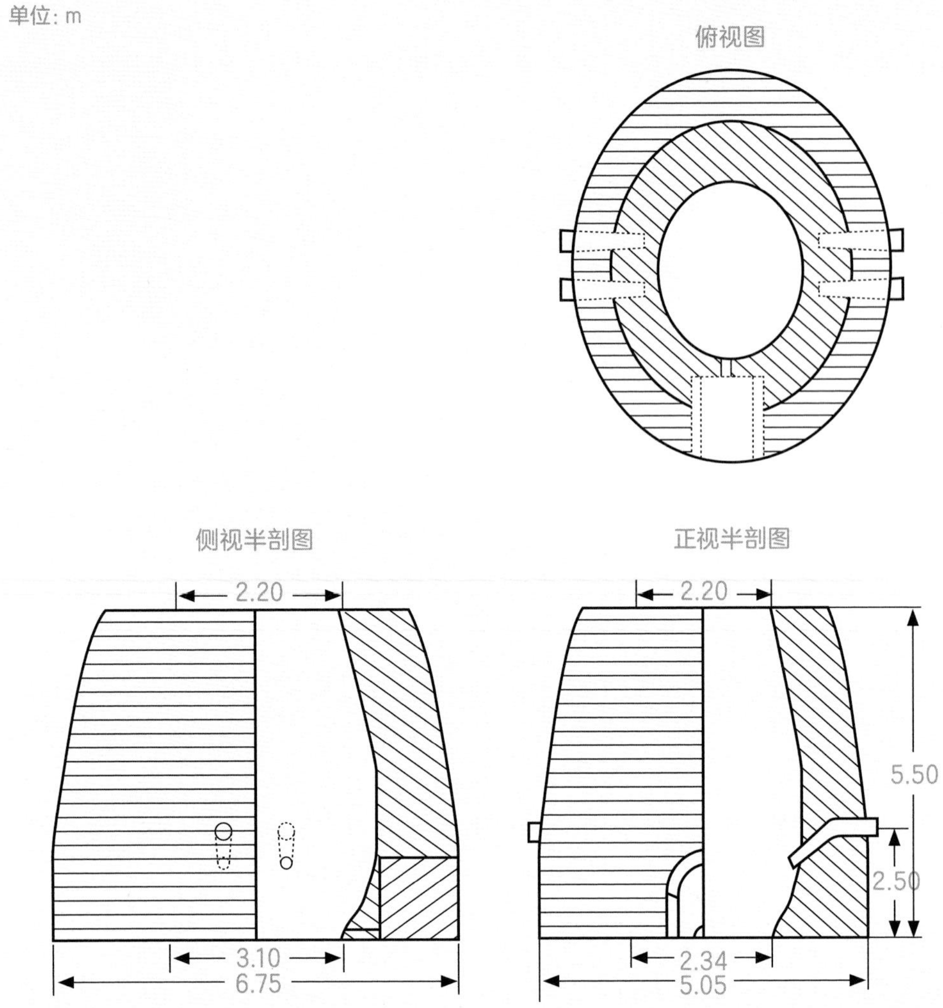

单位：m

俯视图

侧视半剖图

2.20

3.10

6.75

正视半剖图

2.20

5.50

2.50

2.34

5.05

2-2-3

郑州古荥 1 号冶铁炉炉型复原图 · 黄兴 D·A 绘

河南鲁山望城岗冶铁遗址

河南鲁山望城岗冶铁遗址是汉代“阳一”铁官作坊所在地。在该遗址发现的炼铁竖炉炉基遗址是继郑州古荥1号炉后又一重大发现。

这里的炉基有多次使用的痕迹，形成了一定的叠压关系，但其中最大的竖炉炉基明显是椭圆形。再次证明了汉代曾经建造大型椭圆形竖炉。但是想要顺利、稳定运行这样大的炉子，难度非常大。

2-2-4

河南鲁山望城岗汉代冶铁遗址一号炉

【引自：河南省文物考古研究所等.河南鲁山望城岗汉代冶铁遗址一号炉发掘简报[J].华夏考古，2002（1）：3–11.】

由于木炭的强度有限，如果炉子太高，炉料太厚，造成炉底压力很大，会将底部的木炭压碎，影响透气性和炉内供风。同时，由于炉底压力太大，也对鼓风能力提出很高要求。因此汉代、唐代的冶铁竖炉炉高一般都为3~5米，内径为1.5~2米，属于中小型圆形竖炉。

宋辽时期冶铁竖炉

宋辽时期是竖炉冶铁技术发展的又一高峰。

汉唐竖炉用夯土构建，抗剪强度较低，炉身角不能太大，炉身曲线变化小。如武安冶陶镇马村 1 号遗址点唐代竖炉，武安经济村外围五代夯土竖炉都是如此。

唐宋之交开始用石块建炉。炉身角更加明显，炉料下行更加顺利，炉内保温效果、煤气利用率也随之提高。此期间的竖炉炉型也不尽相同，体现出很多技术创新。

河北武安矿山村冶铁竖炉

河北武安矿山村北宋竖炉在当时最具有技术创新性。

该冶铁炉位于武安市矿山镇矿山村一户村民院内，现存风口一侧炉壁，高达 6.4 米，为现存最高的中国古代竖炉。

炉壁断面最内层是炉壁挂渣，中间石砌炉壁厚度大约 0.80 米，外面是夯土层，整体呈现红烧状；最外层有石墙砌护。下部石墙用水泥砌成，属现代加固。上部石墙用中等卵石砌筑，嵌入土炉壁中，呈暗红色，有经历过高温的痕迹，属于原始砌筑。顶部用比较尖锐的石块砌筑。炉缸、炉腹内径 3 米左右，内侧沾满了琉璃状的冶铁渣，流动状态较好；但炉壁侵蚀严重，炉衬已经完全消耗，局部形成渣皮。

目前发现的其他竖炉高度都在 4 米左右，都是收口型或直口型。而矿山村竖炉炉喉附近略有敞口状。炉喉附近内壁上的炉衬耐火泥均保存较好，说明炉口外倾不是冶炼侵蚀造成的，而是当初就设计成了这样。用现代标准来看似乎不太合理，可能会影响炉料下行。但这恰恰是这座竖炉的高明之处。炉体增高，可延长加热、还原行程，提高冶铁效率；但料层加厚，造成炉底压力过大，木炭容易粉碎，影响透气性和炉底供风。而炉喉外倾正是为了承担部分炉料重力，减轻炉底压力，防止冶炼故障。

武安地区铁矿资源丰富，且位于历代中原王朝的经济核心区域，自古就是重要的制铁基地，集中了大批高水平工匠。武安矿山村竖炉便是他们的杰作。

2-3-1

武安矿山村冶铁炉侧面（由西向东）· 潜伟 摄

2-3-2

武安矿山村冶铁炉侧面（由北向南）· 黄兴 摄

2-3-3

武安矿山村冶铁炉上部炉体 · 黄兴 摄

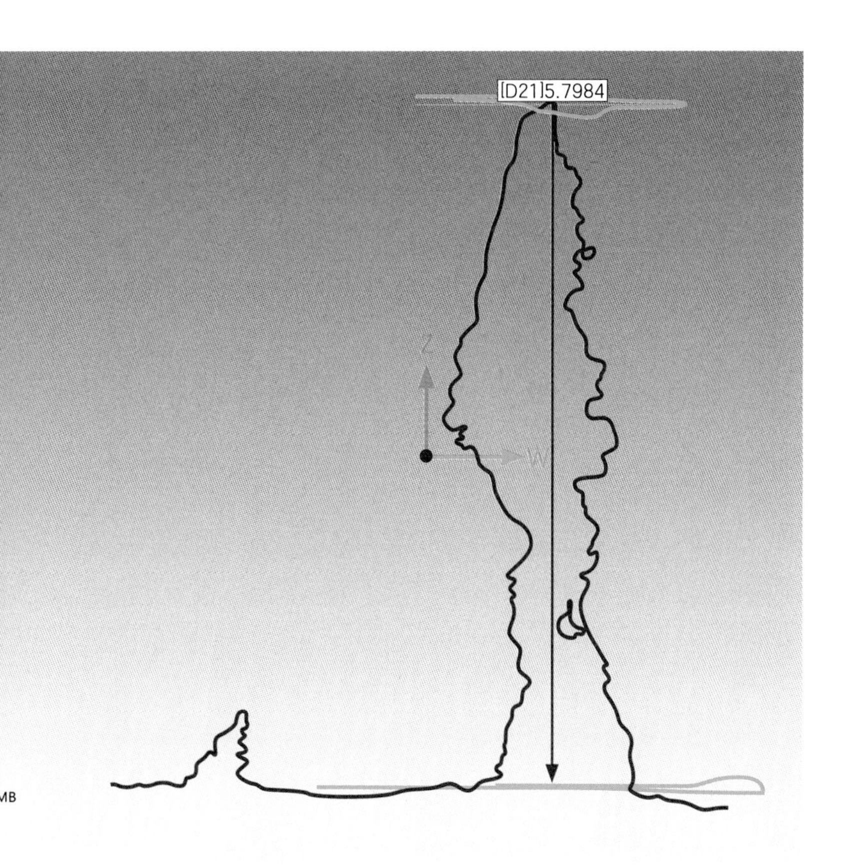

2-3-4

武安矿山村冶铁竖炉三维激光扫描模型中心纵切面侧视图 · 王金 供图 D·A 绘

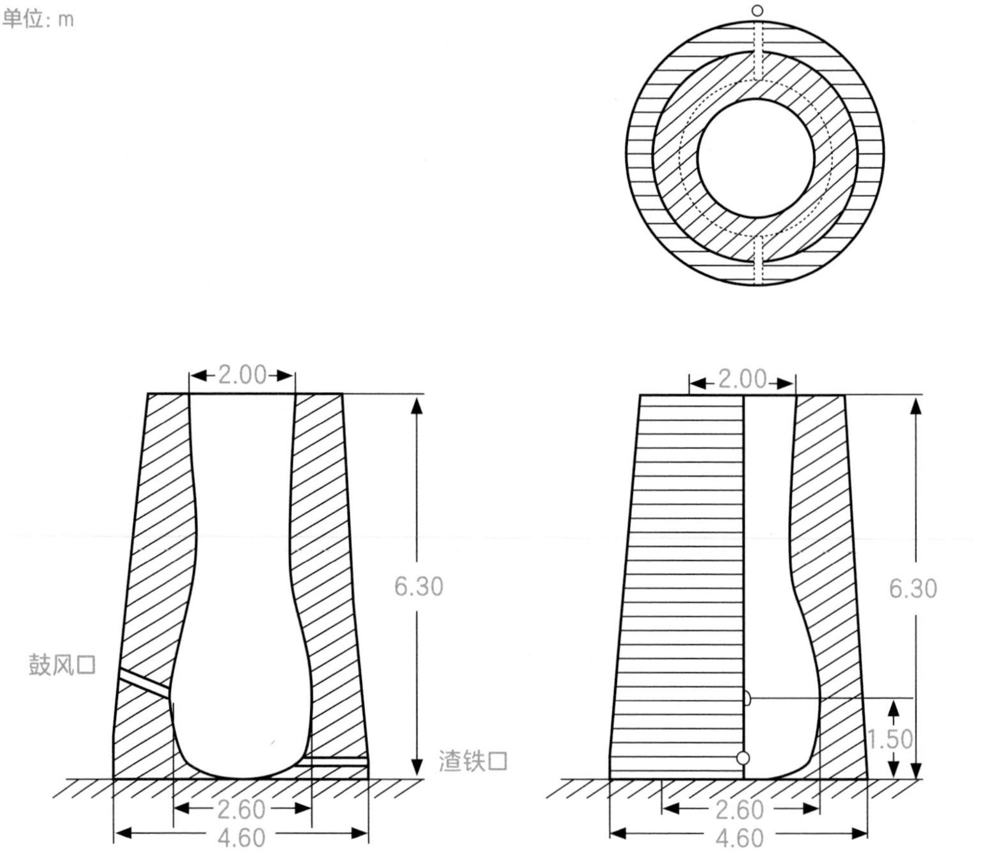

单位: m

2.00

6.30

鼓风口

渣铁口

2.60

4.60

2.00

6.30

1.50

2.60

4.60

2-3-5

武安矿山村冶铁炉炉型复原图 · 黄兴 *D·A* 绘

河南焦作麦秸河宋代冶铁遗址

2008 年，焦作市中站区文物普查队在文物普查中新发现该遗址。在清理炉内积土和现场时发现大量宋代瓷碗、瓷盆等器物残片及窑具，据此判断为宋代冶铁遗址。

该冶铁炉背靠土崖，面向正东方向。炉门一侧已经残破，剩余三面炉壁内侧挂渣、并侵蚀。靠土崖一侧上部用很大的石块砌筑，成直筒型。炉腹上部有一小方形浅洞，可能是鼓风口；周围炉衬与挂渣剥落严重，露出石质炉壁；炉腹下部被掏了一个近似方形的洞。

该炉横截面为圆形，炉身高 3.5 米，炉缸内径 1.7 米，在炉内及周围地面遗存有大量的铁矿石、炼渣、耐火砖及木炭灰等。这座炼炉炉底较大，上部逐渐收敛，炉壁内倾。此炉壁分两层，内层用岩石砌成，外层填入耐火土，炉的下部砌石致密，经烧结后没有空隙，储存铁水不会渗漏；上部用较大的石块砌筑，外观粗糙，可以抵抗较硬的炉料冲击。本书作者绘制了该炉炉址现状。

2-3-6

焦作麦秸河冶铁炉及上部炉壁 · 黄兴 摄

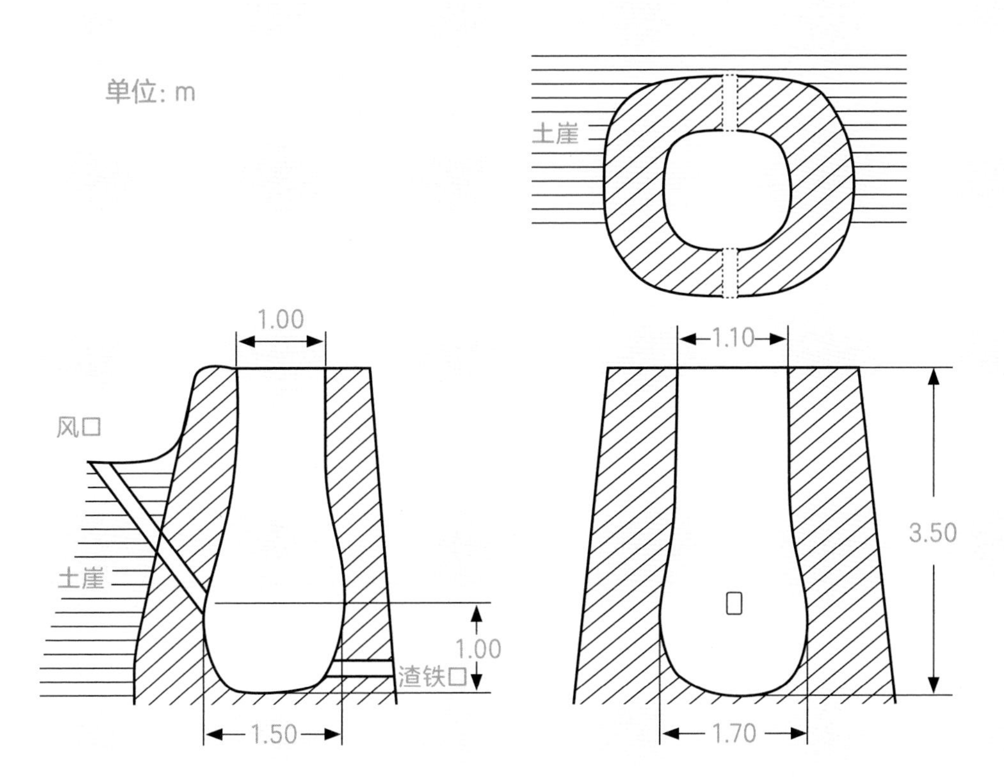

2-3-7

焦作麦秸河冶铁炉炉型复原图 · 黄兴 D·A 绘

北京延庆水泉沟冶铁遗址

这里发现了多座辽金时期的冶铁竖炉。其中的 1 号遗址点是一处冶铁场遗址，发掘出土了 4 座冶铁炉遗址。这四处遗址说起来有点复杂，请耐心往下看。

4 座冶铁炉都建在台地边缘，一字排列。炉前有较宽阔的工作面。炉后台地较为平坦，用来堆放燃料和铁矿，将矿料和燃料装进冶铁炉里；炉后近侧安装鼓风器，从鼓风口将空气鼓入炉内。4 座冶铁炉都用石块砌成，但炉型差别较大。

2-3-8

延庆水泉沟冶铁遗址 1 号遗址点整体照 · 北京市文物研究所 供图

自右至左：1 号炉（A、B 炉），2 号炉，3 号炉，4 号炉

1 号炉经过两次改建，形制较为复杂。第一次使用的 A 炉仅剩炉腹以下部分，外观接近圆形，残高约 2 米；外部用粗大的石块围砌，内部嵌套了第二次使用的炉壁，之间用沙石填充；炉腹外径 3.2 米，炉壁厚约 0.4 米。部分石块呈青黑色烧灼状。西侧和东侧外围是红烧土，表面呈不连续状，厚 0.3 米至 0.6 米。第二次使用的 B 炉内形接近于长方形。仅剩炉腰以下部分，残高约 2 米。炉腹内部尺寸 1.4 米 ×0.8 米，炉底内部尺寸 1.0 米 ×0.6 米。炉壁用较为细整的石块砌成，内壁挂满流动状态的青灰色的渣。

2 号炉的形制与 1 号炉 B 炉体相近，中部外弧，横截面近似圆角长方形，剖面近似梯形，炉底接近长方形。残损较为严重，炉体上部、东壁及炉门、出铁口、出渣口已不见。后壁并排两个鼓风口，保存较好。

3 号炉是国内已知的保存相对完整的一座古代冶铁炉。炉型与 1 号炉最外面的大圆形炉（A 炉）相近。炉腰以下部分存留，残高 3.5 米，炉腹部位内径 2.6 米，炉体的横截面近似圆形，炉底基础呈椭圆形，有明显的炉身角，并向炉门方向倾斜。

炉壁内侧用较为整齐的石块砌成，十分平整，缝隙平直、细小；外侧用较粗大石块围砌；炉内壁明显烧流，粘结大量不规则的坚硬炼渣，炼渣断口有的呈玻璃状，有的呈蜂窝状。从炉渣的流动状态和排出渣内含铁很少可以判断该炉可以较好地实现渣铁分离。

炉底部用经过细加工的耐火土填实，形成高炉基础。鼓风口在炉腹部位，正对炉门，长方形，高约 0.22 米，宽约 0.10 米。炉门位于炉身下部，方向朝东，近似拱形。炉门下部有出渣槽，两侧壁及底部均为灰褐色硬质底面。

4 号炉形制与 1 号炉 B 炉和 2 号炉相近。残存炉腰以下部分，残高 1.7 米。截面及炉底接近于矩形，东西边稍长，底面保存有当年涂抹的黑灰色耐火材料。鼓风口正对炉门，长方形。出渣槽在炉门东侧，长 1.1 米，宽 0.35 米，两侧壁及底部均用与高炉相同的耐火材料，已变成灰褐色。

从地层和叠压打破关系来看，1、3 号炉为早期建造，2、4 号炉及 1 号炉 B 炉利用旧场地构筑而成。

我们根据三维激光扫描的数据，参考同遗址相近炉型，以 3、4 号炉为例，复原了圆形炉和长方形炉。

▶

2-3-9

延庆水泉沟冶铁遗址 1 号遗址点 4 座冶铁炉 · 黄兴 摄

1 号炉

2 号炉

3 号炉

4 号炉

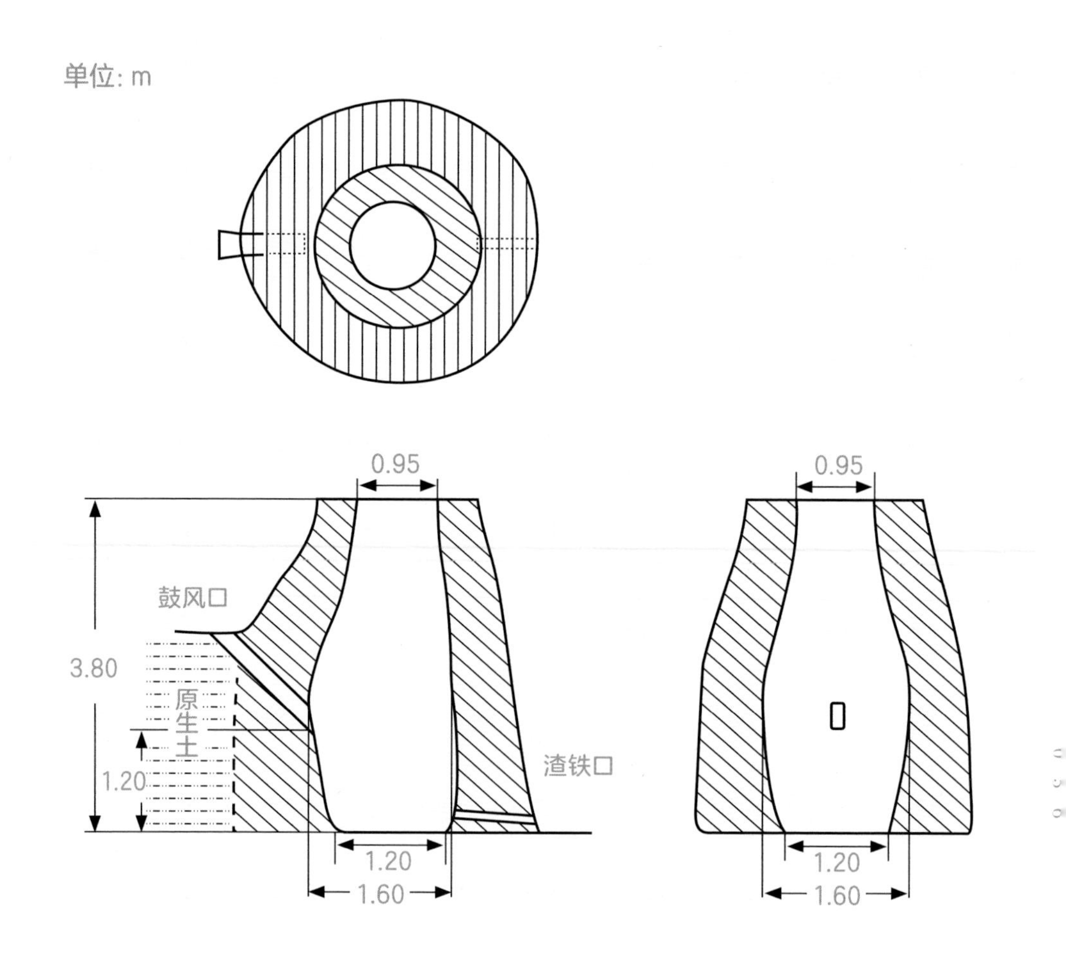

2-3-10

延庆水泉沟圆形冶铁炉复原图 · 黄兴 D·A 绘

单位: m

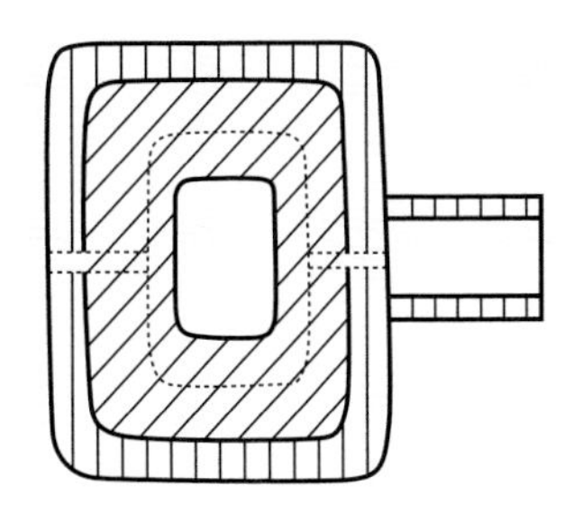

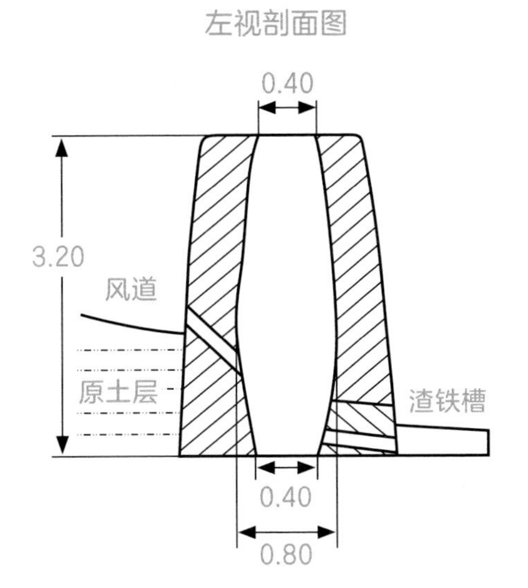

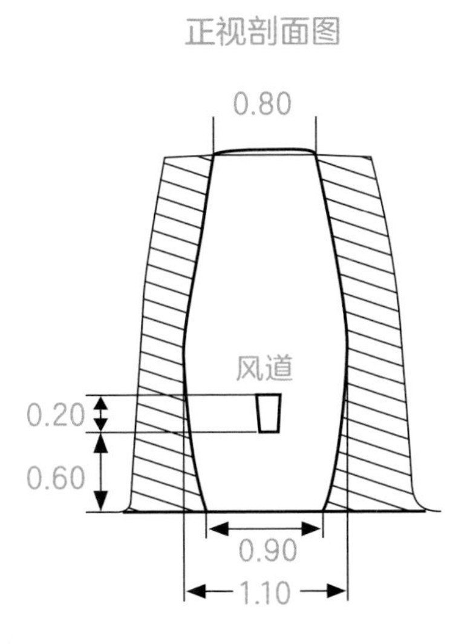

2-3-11

延庆水泉沟方形冶铁炉复原图 · 黄兴 *D·A* 绘

延庆水泉沟3号炉的炉型是宋辽时期的典型代表。其特征是圆形、收口型，炉腹倾斜鼓风。采用计算机进行数值模拟显示，空气被鼓进炉腹之后，在炉缸形成了整体性旋涡，促进炉内气氛和温度均匀分布，炉腹以上气流平顺运行，沿着炉体向内集中，可以有效加热炉料。

▶

2-3-9

北京延庆水泉沟圆形炉内部气流场数值模拟·黄兴 模拟

Pathlines Colored by Velocity Magnitude (m/s) Jan 26, 2015
FLUENT 6.3 (3d, pbns, ske)

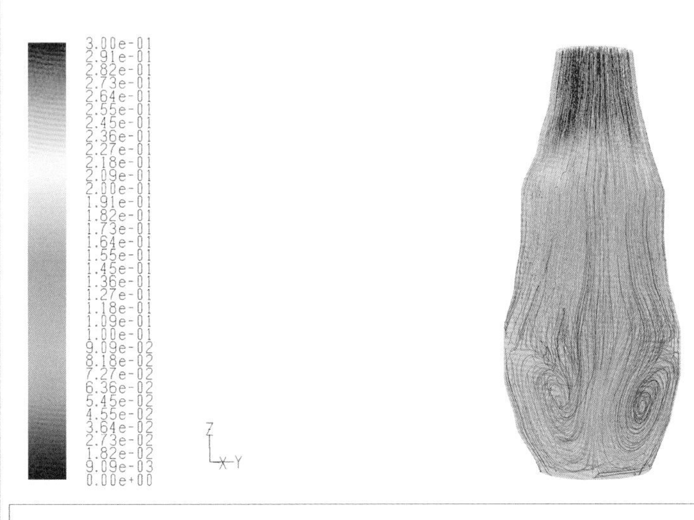

Pathlines Colored by Velocity Magnitude (m/s) Jan 26, 2015
FLUENT 6.3 (3d, pbns, ske)

明清时期冶铁炉

河北遵化铁厂冶铁遗址

河北遵化铁厂镇是明代重要的制铁基地之一，留存了多处明代冶铁遗迹。我们考察的时候，在铁厂村东部土崖边上发现了两座相邻炉体遗址点。遗址点北边有大量细碎木炭堆积，可能是筛选后未能入炉的；东北方向 50 米处有大量炉渣堆积和红烧土痕迹，这些都表明该地还曾经有多座冶铁炉遗址。

南侧的 1 号炉存留炉体下部，沿着土崖形成一个弧形剖面。北部炉壁内层用石块砌筑，表面挂渣，红烧土层厚度约 1 米。南部炉壁不存，炉底至崖顶高 3.5 米。

2-4-1

遵化铁厂冶铁遗址 1 号炉炉址 · 黄兴 摄

北侧的 2 号炉只剩下南侧约四分之一圆周的炉壁，炉壁有一个明显的拐角，说明原来的炉体可能是方形的。从断面来看，炉体内层用 0.5 米大小的石块砌筑，石块与土崖之间用土填实。

2-4-2

遵化铁厂冶铁遗址 2 号炉炉址 · 黄兴 摄

湖南永兴平田村清代冶铁炉

湖南永兴平田村澄水组（11 组）南侧有一座清代冶铁炉。

炉体剩北侧的半壁炉体，呈半圆形。从剖面观察，炉体内型有明显的炉身角和炉腹角，炉缸内收。炉壁是用黏土逐层夯筑起来的；其中含有大量岩石颗粒，粒度 0.5~1.5 厘米。炉腰以上有黑色挂渣，炉腰以下炉壁略有侵蚀，露出炉壁材料；炉壁中间沿竖直方向开裂，西侧部分略有外倾。炉底呈圆形，炉门朝向西侧。现存炉顶到炉前地面高 5.00 米，到内部炉底高 4.50 米；炉底外径 3.30 米，炉腰内径 2.00 米，炉缸直径 0.90 米，高 0.55 米。该炉的炉容估算约 7.5 立方米。

冶铁炉周围田地内散布一些炉渣、青花瓷片、陶板瓦片、铁矿石等，尚未见到较大的炉渣堆积。据村民介绍，村后山原来还有很多采铁矿形成的大坑，矿石属于锰铁矿石。根据采集到的青花瓷片判断，其年代应为清代。此外，该冶铁炉的炉型较为成熟，炉容较大；其部分特征与清代《广东新语》等文献记载的冶铁炉相近。采用黏土夹沙逐层夯筑是南方冶铁竖炉普遍采用的方式。

永兴境内铁矿资源分布广泛，光绪年间的《永兴乡土志》对此也有记载。目前在三塘、油麻、马田、碧塘等地发现了铁矿储量较大的矿体。永兴境内清代炼铁较多，主要铸造铁锅、铁农具。

▶

2-4-3

永兴县悦来平田村冶铁炉（上）· 黄兴 摄

自南向北，左侧为炉门

永兴县悦来平田村冶铁炉航拍俯视（下）· 莫林恒 摄

当阳铁塔・DANGYANGTIETA

正定大佛・ZHENGDINGDAFO

沧州铁狮・CANGZHOUTIESHI

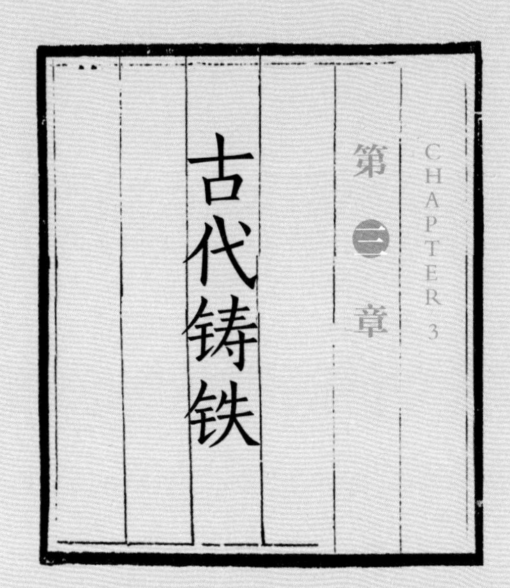

第三章

CHAPTER 3

古代铸铁

生铁坚硬、耐磨、廉价、易于铸造，经脱碳或韧化处理后具备更好的材料性能，在其发明之初就很快被用来铸造农具、日用器、工具、车马器及建筑构件等。唐代以后，生铁产量之大，以至于人们将其铸成各种大型造像，铁牛、铁佛、铁钟、铁人等。

小型铸铁器具

农具

生铁冶炼技术发明之后，最早被用来大量铸造农具。铸铁农具出现于春秋晚期，到战国中后期已普遍使用，特别是在冶铁业相对集中的地区，出土铸铁农具已占出土工具总量的 60% 以上。

铁质农具的广泛使用，不仅提高了耕作效率，还扩展了农田的耕作面积，这使得战国秦汉时期农业生产水平得以大幅提高，生产力得到空前发展。铁质农具的大量使用促进了农业个体经营和封建小农经济的出现与发展，推动了原始农业向传统农业的转变，奠定了中国古代农业文明的基础。

战国早期，铸铁韧化技术形成，并应用到农具制造方面，出现了铁质耒、锸、铲、镢、犁等。

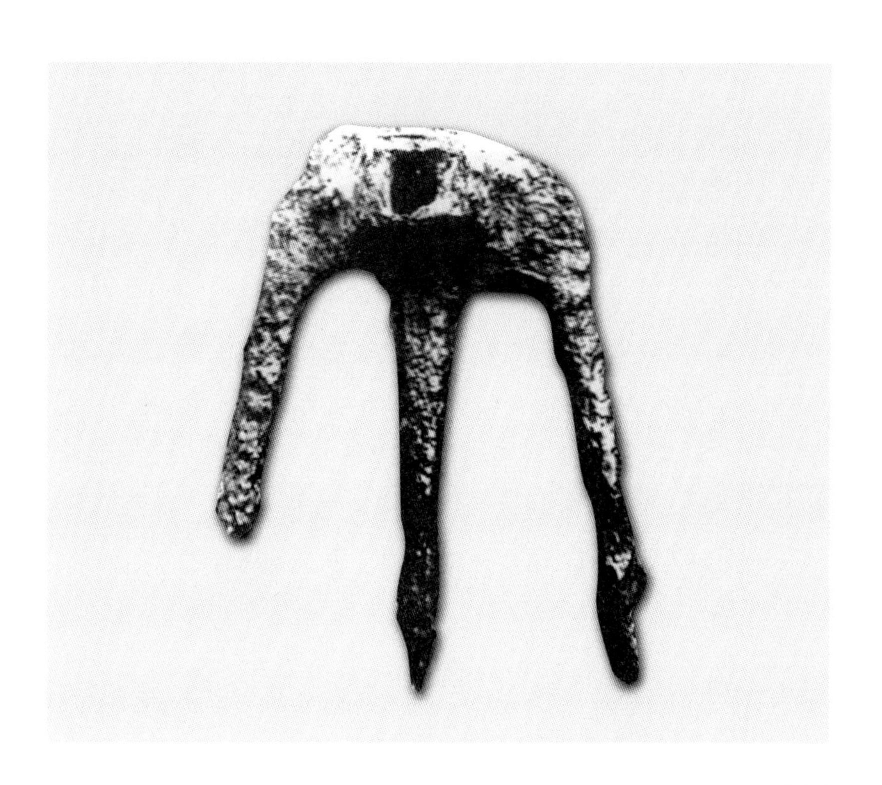

3-1-1

战国铁三齿镬

经鉴定为白口铁经韧化处理得到的韧性铸铁。

【河北易县燕下都遗址出土】

战国时期出现了铁质犁和铧，大型的铁犁一般用牛、马来牵引，不仅可以深度疏松土壤，还能把杂草翻到地下盖住，把较深的土壤翻出来，除去地下害虫。汉代铁犁出现了犁壁，可以进一步翻土、碎土和起垄。

3-1-2

东汉二牛抬杠画像石 · 陕西绥德出土 · 黄兴 摄

【西安碑林博物馆藏】

3-1-3

汉代铁犁铧 · 陕西宝鸡陇县出土 · 黄兴 摄

【陕西历史博物馆藏】

战国时期出现了小型铁铲和锄，分别称作“挑”、“耨”，装有短柄或长柄，用于田间除草、松土和培土。战国六边形铁锄最具特色，平刃，体宽、薄，两肩斜削，不伤庄稼。唐代起，锄柄也改用铁制，并有一定曲度，便于操作。

3-1-4

战国铁锄

【湖南长沙出土】

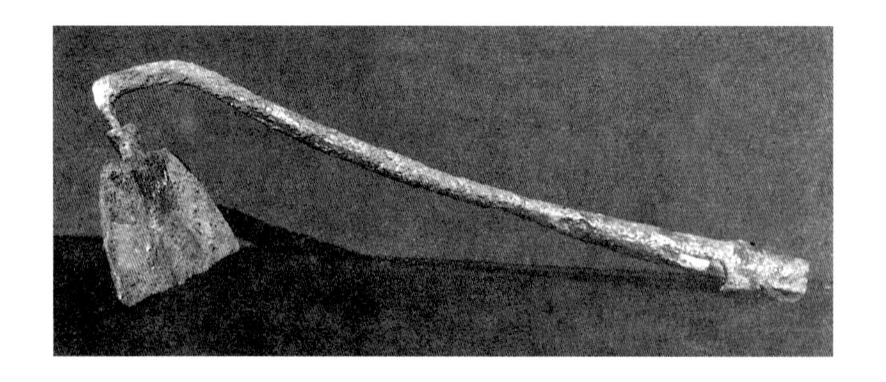

3-1-5

唐代铁锄

【河北易县张各庄出土】

兵器

在军事领域，铸铁器具也扮演了重要角色。虽然刀、剑、矛等格斗兵器都是用钢制成，但明代以来，铁质的火铳、火炮等无法用钢锻造，都是用生铁铸造而成，器壁厚实、坚硬，在军队中大量配置。

铁火铳出现于明代初期，其韧性和强度均优于铜铳，抗膛压强度大为提高，且造价更为低廉。铁铳有单眼铳、多眼铳，及手铳、碗口铳等。

3-1-6

明朝初年的三眼铁铳

说明 长34厘米，口径1.5厘米，有三道铁箍。

3-1-7

铁炸弹

【北京延庆四海镇石窑村东南火焰山明代营盘遗址出土】

3-1-8

明代海防大炮

【现存山东烟台蓬莱阁城楼】

明崇祯十年十一月铸造，炮身长 2.5 米，口径 0.13 米。

日用器

古代百姓日常使用的铁锅、铁勺、铁盆等大都是铸造而成。

铁锅强度高、导热性好、加热均匀，是每个家庭之必备，是古代一种重要的铸铁产品。

3-1-9

汉代双耳铁釜

【广西博物馆藏】

3-1-10

明代铁锅

【现存扬州瘦西湖】

3-1-11

清代广东佛山制锅图 · *未名画家绘 1840 年*

【现藏于大英图书馆】

古代大型铁质铸件

唐代以后，由于冶炼技术的提高、铁产量的增加和铸造技术的进步，出现了许多大型铁质铸件。尤其是隋唐以来，随着佛教在我国的兴盛，铸铁梵钟佛塔等宗教艺术品尤为多见。并对不同类型的铸件分别采用了不同的铸造方法。

大型铸件的铸造工艺归纳为两类：

1. 地坑造型，开放式浇注，分段铸接（如沧州铁狮、正定铜佛）。

2. 分铸组装。叠装（如当阳铁塔）和榫接（如武当山金殿）。元代陈椿《熬波图咏》中记载造熬盐铁拌，大拌费铁一二万斤，由十余片拼合而成，再用草灰、生灰加卤水弥缝，也属于装配法。

大型金属铸件的出现和数量与当时的社会政治经济背景有关。佛教自公元 1 世纪传入我国后，影响逐渐扩大，唐以后更盛，因此自唐代以后不断出现用于佛事的塔、钟、佛像等大型金属铸件。自唐末开始允许民间有较大规模的冶铁坊，宋代民营冶铁有了进一步的发展。明洪武二十八年（1395 年），内库存铁过多，明太祖“诏罢各处铁冶，全民得自采炼，而岁给课程，每三十分取其二”。明以后官铁冶逐渐减少，民间铁冶逐渐增加，使得民间能够捐款集资铸造大型金属铸件。大型铸件的出现和数量增多与当时的采冶和铸造技术是密切相关的。

当阳铁塔

坐落在今湖北省当阳县城西 15 千米玉泉寺的铸铁佛塔，又称玉泉铁塔。此塔建于北宋嘉佑六年（1061 年），13 级，高 17.9 米。其重量据塔铭文所记为七万六千六百斤，由当阳县玉泉乡山口村佛教信徒郝言及其姨母“舍铁”铸就。

铁塔形制属仿木结构楼阁式，平面呈八角形。外为铁壳，内为砖衬，塔心中空。铁壳是由 44 块铸铁构件逐层迭搭构成。相邻两块构件之间用铁块填塞垫平。塔由基座、塔身和塔顶构成。基座由 4 块预制构件组成；塔身由 38 块铸铁件构成；塔顶 2 块，下面 1 块为莲花座，上面的 1 块为塔刹。原铁质塔刹已毁损，清道光乙未年（1835 年）改为铜质。

塔基的周长为 9.59 米，基座铸有精细的海浪波纹。在第 2 层基座平台上铸有 8 尊力士（现存 6 尊），分立于塔的 8 个隅角，作力顶铁塔之雄健姿态。塔身每层都铸出圆形倚柱、门柱、额方及斗拱。每层塔身开 4 个券门，两两相对，隔层交错。每层腰檐铸出瓦垄、檐椽，檐角铸有凌空昂首的龙头。整座铁塔颜色青黑、表面光滑、纹饰清晰、铸造精良。

对基座及塔身第 1 层的构件逐个进行考察，发现在构件的 8 个面的隅角都有范缝存在。可推断构件是采用拼范法铸成的。内、外范之间的间距即为拟铸构件的厚度。为了将内、外范的位置固定，防止浇铸的铁水将范冲开，必须设置底箱并加盖顶箱。浇口的位置设在横边的中间部位而不是在隅角处，这样可以避免注入的铁水把外范彼此相接处及内范的隅角冲毁，保证铸件几何形状的规整。

对铁塔样品的化学及金相检验结果表明，塔身铁壳为麻口生铁，含磷量较高（0.29%）、含硫量较低（0.022%）。塔基座的硫印实验也显示含硫极低，铁塔可能由木炭炼的生铁铸成。构件之间垫片为白口或灰口生铁，此为利用的废铁料。当阳铁塔是我国现存最高的铁塔，具有较高历史文物价值。

▶

3-2-1

当阳铁塔

沧州铁狮

沧州铁狮现存河北沧州市东南20千米的开元寺旧址内，铸造于后周广顺三年（953年）。铁狮身高5.4米、长5.3米、宽3米，重约40吨。《沧县县志》（光绪年间修）卷十六对铁狮的铸造年代，历年遭受破损的经过都有记录，言之颇详。

从铁狮的外形观察，铁狮是采用范铸法造型、开放式和明注式浇注系统，自下而上铸成。以一整体泥狮为内芯，外范合计600余块，分为20多层，利用圆头钉和铁条做为芯撑支持和固定外范。由于铁狮身高体重，浇注是采用群炉烧注的方法。铁狮造型雄伟，历史悠久，是现有的大型灰口铁铸件。

3-2-2

沧州大铁狮

蒲津渡铁牛与铁人

蒲津渡遗址位于山西永济古蒲州城西门外的黄河东岸。原用铁索链舟固定成曲浮桥。1998 年 8 月由永济市博物馆在蒲津渡遗址上发掘出铁牛 4 尊，各重约 50~70 吨；铁牛旁各有 1 个铁人，重约 3 吨、2 座铁山、1 组七星铁柱和 3 个土石夯堆。这些铁器铸于唐开元十二年（724），为稳固蒲津浮桥，维系秦晋交通而铸。铁牛及其下面的铁板和铁锚柱、铁人、铁山、七星铁柱等是一个有机的整体，是技术与艺术的完美结合，反映了我国古代高超的冶铸、桥梁技术，具有重要的历史价值、科学价值和艺术价值，是我国工程技术史上的一颗明珠。

3-2-3

蒲津渡铁人与铁牛 · 韩汝玢 供图

铸铁柔化 · ZHUTIE ROUHUA

铸铁脱碳钢 · ZHUTIE TUOTANGANG

炒钢 · CHAOGANG

百炼钢 · BAILIANGANG

灌钢 · GUANGANG

夹钢与贴钢 · JIAGANG YU TIEGANG

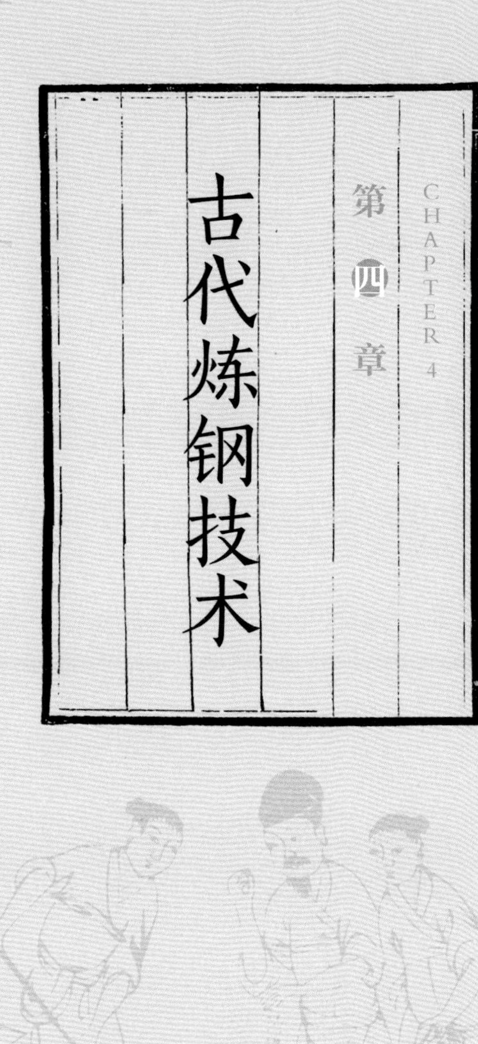

第四章 古代炼钢技术

CHAPTER 4

钢是含碳量在0.02%~2.11%的铁碳合金，介于熟铁和生铁之间。钢具有很好的韧性、延展性和硬度，是制作各种工具、兵器的极好材料。

把块炼铁（熟铁）或生铁制成钢，需要用不同的方法，可以分为两套体系。

把块炼铁制成钢需要进行渗碳，即将块炼铁放在炭火中加热，鼓风不要太强，炉内整体保持还原气氛。碳就会渗入熟铁中，形成钢。这是块炼铁制钢所必须经历的过程。

中国古代冶铁以生铁为主，逐步发明和积累了很多种生铁制钢技术，形成了一个独特的技术体系，包括铸铁柔化、铸铁脱碳钢、炒钢、灌钢、百炼钢、擦生等工艺，可以加工出类型多样、质优价廉的钢制品。

东周时期已用块炼铁渗碳锻制钢剑。河北易县燕下都遗址出土战国末年铁剑中也有1件钢剑（M44：12）和1件残钢剑（M44：100）。冶金史研究者分析后，认为两件钢剑的组织基本相同，由含碳量为0.5~0.6%及0.15~0.2%的高碳层和低碳层相间组成。整个断面上有弯折十处以上。在两个弯折之间为高碳层。其中尚有较大的夹杂物。钢剑经加热至900℃以上淬火。该剑的锻造方式有两种可能性：一种是将块炼海绵铁先锻打成一些薄片，然后在还原性气氛中加热渗碳，但这些薄片的含碳量不等，然后将其加热叠在一起锻打。另一种是先将薄片对折后再叠在一起锻打成形。之后，再淬火，得到坚硬锐利的淬火高碳钢刃部以及具有韧性的高碳层（珠光体为主）和低碳钢（铁素体为主）层叠组织。

西汉时期制造钢剑主要用块炼渗碳钢来锻造，其主要特征是：第一，制作过程中经过了更多次加热、折叠、锻打，使得非金属夹杂物减少、更加细小，较多的分布在高碳层。断面上高碳和低碳的层次增多，而每层的厚度减小，碳含量的差别也减小，组织比较均匀。第二，经过表面渗碳，增加了表面硬度。第三，刃部进行了淬火处理。这些工艺的应用使得钢的质量有很大提高。

西汉刘胜墓出土的长剑（M1：5105）和短剑（M1：4249）都是以块炼铁渗碳后折叠锻打而成，剑芯部有低碳和高碳的分层。这把剑的热处理工艺也有显著提升。只在刃部淬火，可以观察到淬火马氏体组织；脊部只有珠光体加少量铁素体组织。这样使佩剑的刃部有高硬度，而芯部有较高的韧性。

与河北易县燕下都出土的战国时期钢剑（公元前 3 世纪）相比，刘胜墓残钢剑各层之间碳含量差别较小，各层组织也较均匀，质量有很大提升。

a 断面的高碳和低碳分层组织，有长条状共晶夹杂物分布在高碳层 ×100

b 表层渗碳并经过热处理的组织 ×400

c 刃部淬火组织，马氏体加屈氏体 ×630

d 刃部淬火过渡区的上贝氏体、马氏体和屈氏体组织，上贝氏体陈羽毛状由晶界向晶内排列成促 ×630

4-1-1

刘胜墓出土长剑（1:5105）金相照片

【引自：北京钢铁学院金相实验室：《满城汉墓部分金属器的金相分析报告》，见：中国社会科学院考古研究所：《满城汉墓发掘报告》，文物出版社，1980年版，附录三。】

湖南益阳发现两件铁剑，其中一件（赫 M11:1）扁平茎，剑长78，茎长 14，剑宽 3.5 厘米。附铜剑首，有菱形铜格。剑身两边有刃，尖锋，表面虽锈蚀严重，但去锈以后仍具有金属光泽。经湖南省钢铁研究所检测，此剑硬度为洛氏硬度 HRC：20–22（相当于维氏硬度HV：240–250）；金相组织主要为铁素体 + 珠光体，其制作方法系采用块炼铁反复锻打而成块炼钢。

铸铁柔化与铁范铸造

早在战国时期，在生铁冶铸术发明后不久，工匠就摸索出了一种降低生铁脆性的好办法。

将白口铁放置在退火炉中，加以持续的高温和氧化气氛。白口铁中的碳氧化并向外迁移，或者在中性气氛下，使碳以石墨的形式析出。白口铁变性，或者成为有良好韧性和强度的白心乃至黑心的可锻铸铁。这种工艺被称为铸铁柔化技术。

实物检验表明，河南洛阳、辉县、南阳、武安，湖南长沙，河北易县、石家庄，湖北黄石等地于战国时期都出有这类铁器，特别是农具。

铸铁柔化术一直在持续改进，到了汉魏时期，已较少出现外熟里生的脱碳不完全的白心可锻铸铁，并能获得石墨性状与现代球墨铸铁相当、机械性能良好的有球状石墨的可锻铸铁。

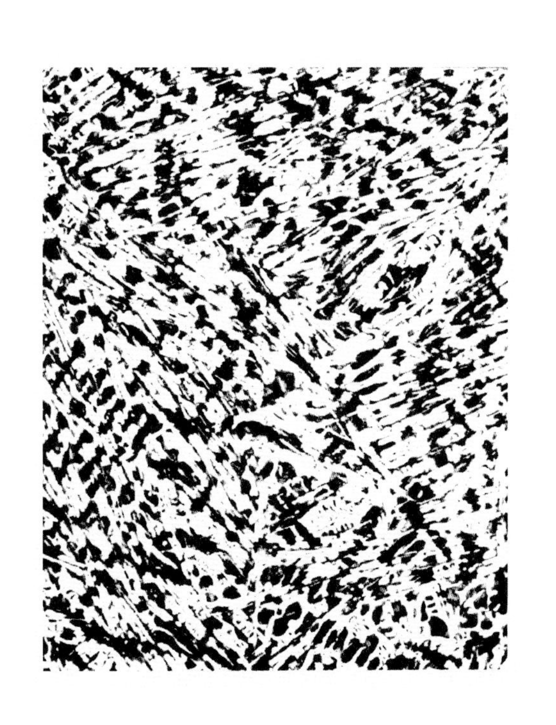

4-2-1

白口铁金相组织

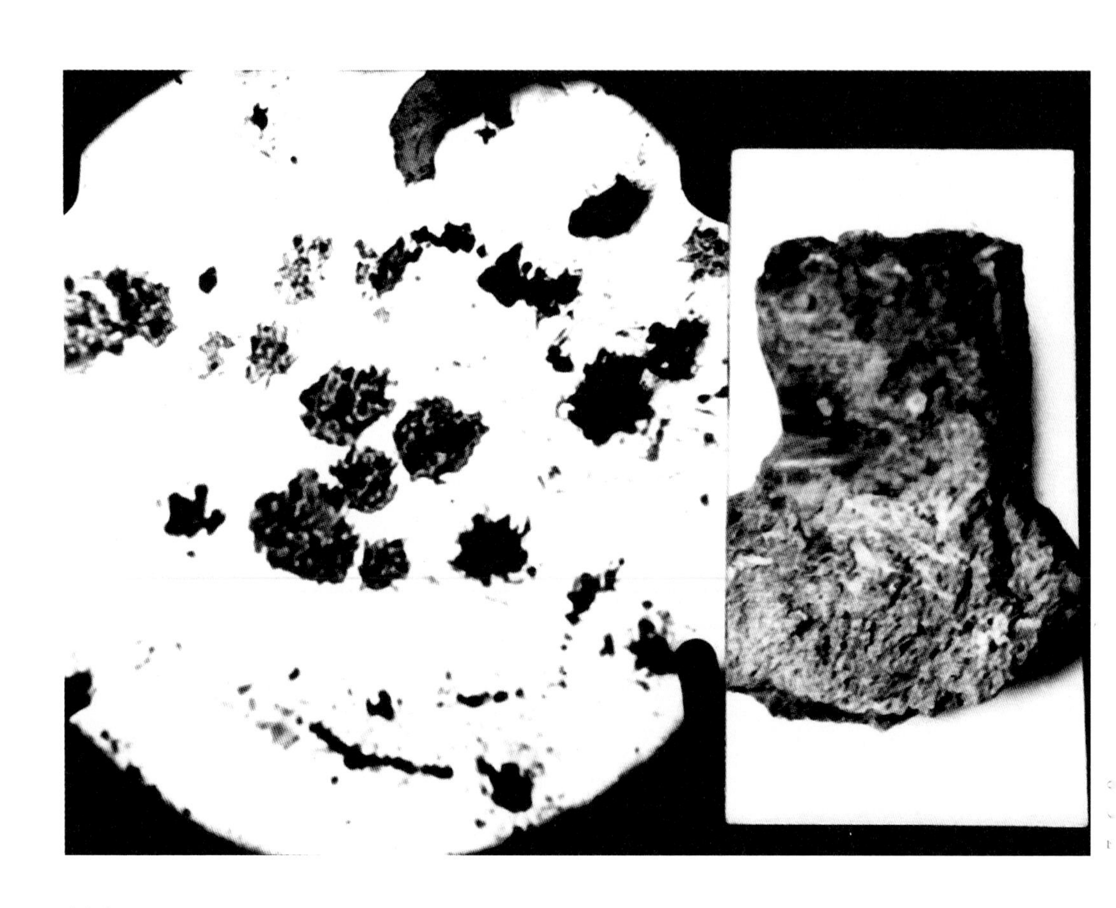

4-2-2

土战国铁铲 · 铁素体基体团絮状石墨

【河南洛阳水泥厂出土】

可锻铸铁的坯件必须是白口铁，如果坯件已有石墨析出，则退火后石墨长大，将使工件性能变劣甚至报废。战国时期之所以能发明铸铁柔化技术，还与铁范铸造有很大关系。

用铁范铸造可保证得到白口铁，又由于导热良好，促使铸件激冷，晶粒细化，分解趋向强烈，可加快和完善石墨化进程。由此可见，铁范的广泛使用和铸铁柔化的普及是紧相关联的。实物检测表明，战国、西汉铸铁农具半数以上是经过柔化处理的，足证这一技术对该时期经济发展所起的巨大作用。

4-2-3

战国双镰铁范

【河北兴隆出土】

铸铁脱碳钢

铸铁脱碳钢是较为简单的生铁制钢工艺。把生铁铸造成板状或条状，放置在退火炉中，在高温、氧化气氛中长时间进一步脱碳，可得到钢的金属组织，不析出或很少析出石墨，称之为铸铁脱碳钢。这种热处理工艺和白心可锻铸铁的柔化处理相似。

铸铁脱碳钢须经过反复锻打，从而消除缩孔、疏松等铸造缺陷，使金属组织更为致密，再锻打成想要的器型。

铸铁脱碳钢技术从公元前 5 世纪到公元 6 世纪一直发挥着重大作用。迄今所知最早的铸造板材、条材的陶范出自河南登封阳城战国早期遗址。经鉴定，该遗址所出的 10 件铸铁件中有 8 件经脱碳处理，成为熟铁和低、中碳钢。汉代南阳、古荥所出成批板材、条材，郑州东史马出土的铁剪，以及渑池窖藏出土的板材和钢质农具与工具都属于此类材质。

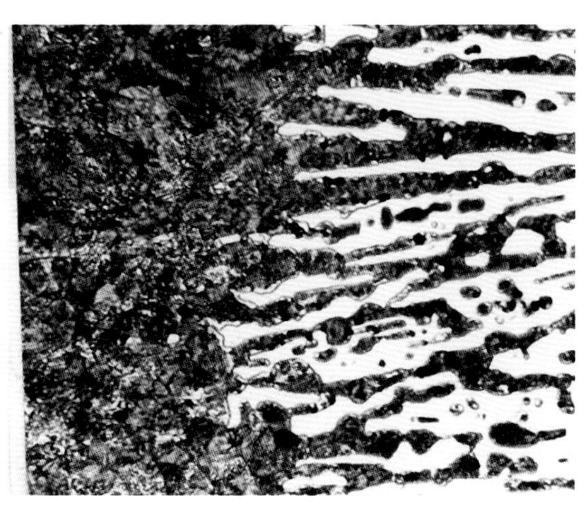

4-3-1

汉代铁铸的脱碳铸铁金相组织

【河南洛阳出土】

炒钢

炒钢是一种快速、高效的生铁脱碳制钢工艺。其方法是以生铁片、块为原料，在炉中加热至半熔融状，再施以翻炒，铁中的碳被氧化，温度随之升高，硅、锰等成分经氧化生成夹杂物。随着碳分的降低、铁料的熔点升高，成为固态的熟铁，再经锻打、挤渣便可成材。有研究者认为，如果炒炼时控制得当，能得到低、中碳钢或高碳钢。也有研究者认为炒炼不易控制，多数情况下会得到熟铁。

大约东汉时成书的《太平经》称："有急乃后使工师击冶石，求其中铁，烧冶之使成水，及后使良工万锻之，乃成莫邪"，是有关炒铁的最早记载。而"良工万锻之"是由于经过炒炼之后，钢铁组织变得疏松，需要高水平的工匠反复锻打，才能制作成性能优良的兵器。

现已发现的最早的炒铁炉，位于河南巩县铁生沟冶铸遗址。近年来，考古工作者和冶金史研究者们合作，在其他地区发现了多处宋辽时期的炒钢炉。在北京延庆水泉沟辽代冶铁遗址 1、3 号炉侧后方紧贴着炉体各有 1 个炒钢炉。在水泉沟冶铁场北侧的生活加工区，发现了 3 个炒钢炉遗迹。在四川成都蒲江县铁溪村宋代冶铁遗址，在冶铁炉旁边，也发现了多处炒钢炉遗迹。这种炒钢炉较为简单，是在地面上挖一个凹坑，直径一尺左右。底部夯实或者用石块铺砌。在坑沿的多半边，用土石筑起遮盖，留一个较小的口，以供搅拌。

▶

4-4-1

北京延庆水泉沟辽代冶铁遗址生活区 1 号炒钢炉（上）· 潜伟 供图

北京延庆水泉沟辽代冶铁遗址生活区 3 号炒钢炉（下）· 潜伟 供图

4-4-2

四川成都蒲江县铁溪村宋代冶铁遗址炒钢炉（2018CPTY3）（上）· 黄兴 摄

四川成都蒲江县铁溪村宋代冶铁遗址炒钢炉（2018CPTY4）（下）· 黄兴 摄

明代宋应星所著《天工开物》中图文并茂的详细记载了竖炉冶铁和炒钢工艺。将竖炉中炼出来的生铁一部分铸造成板状、球状等型材，一部分直接流到炒钢炉中，撒入潮泥灰，可能是作为造渣剂，用木棍搅拌炒炼成熟铁。“冶铁 - 炒钢”联合生产模式在古代非常普遍。

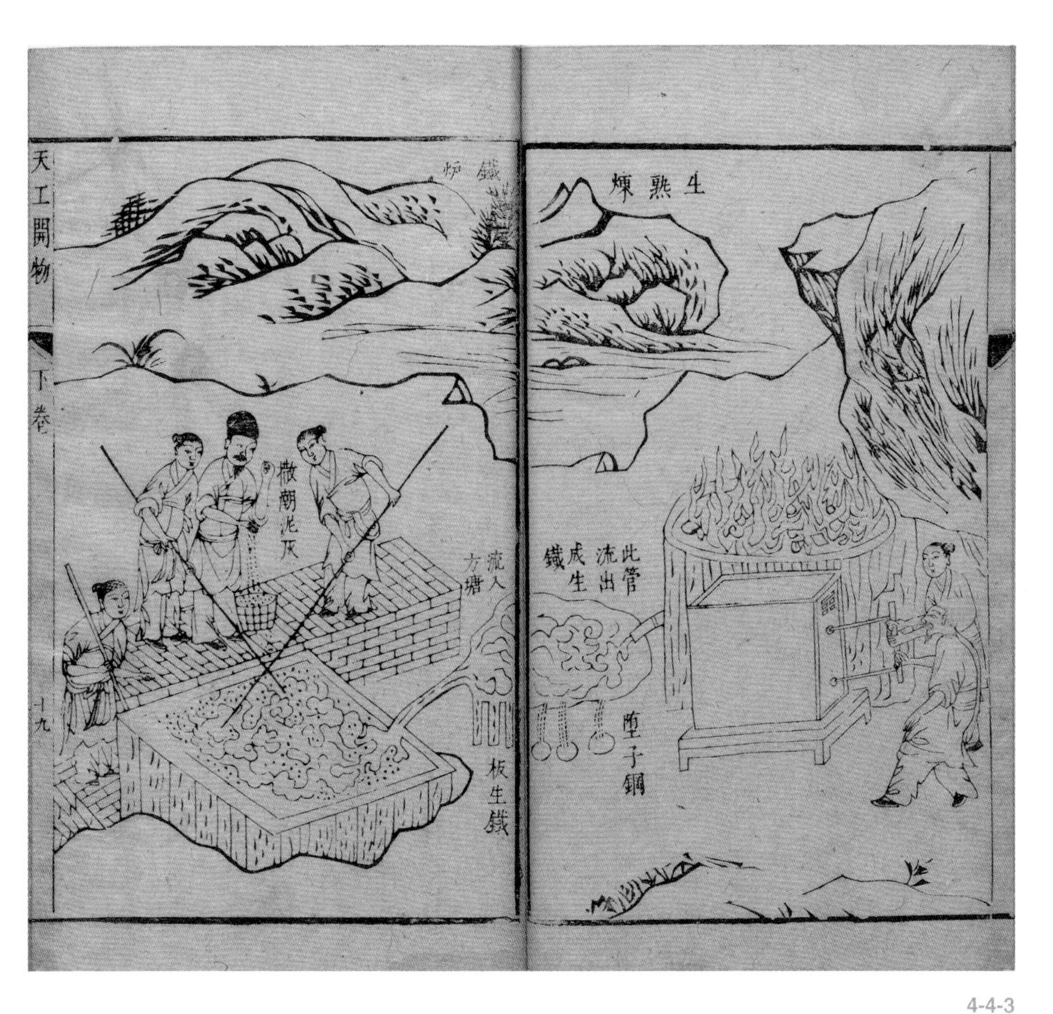

4-4-3

生熟炼铁炉图·《天工开物》

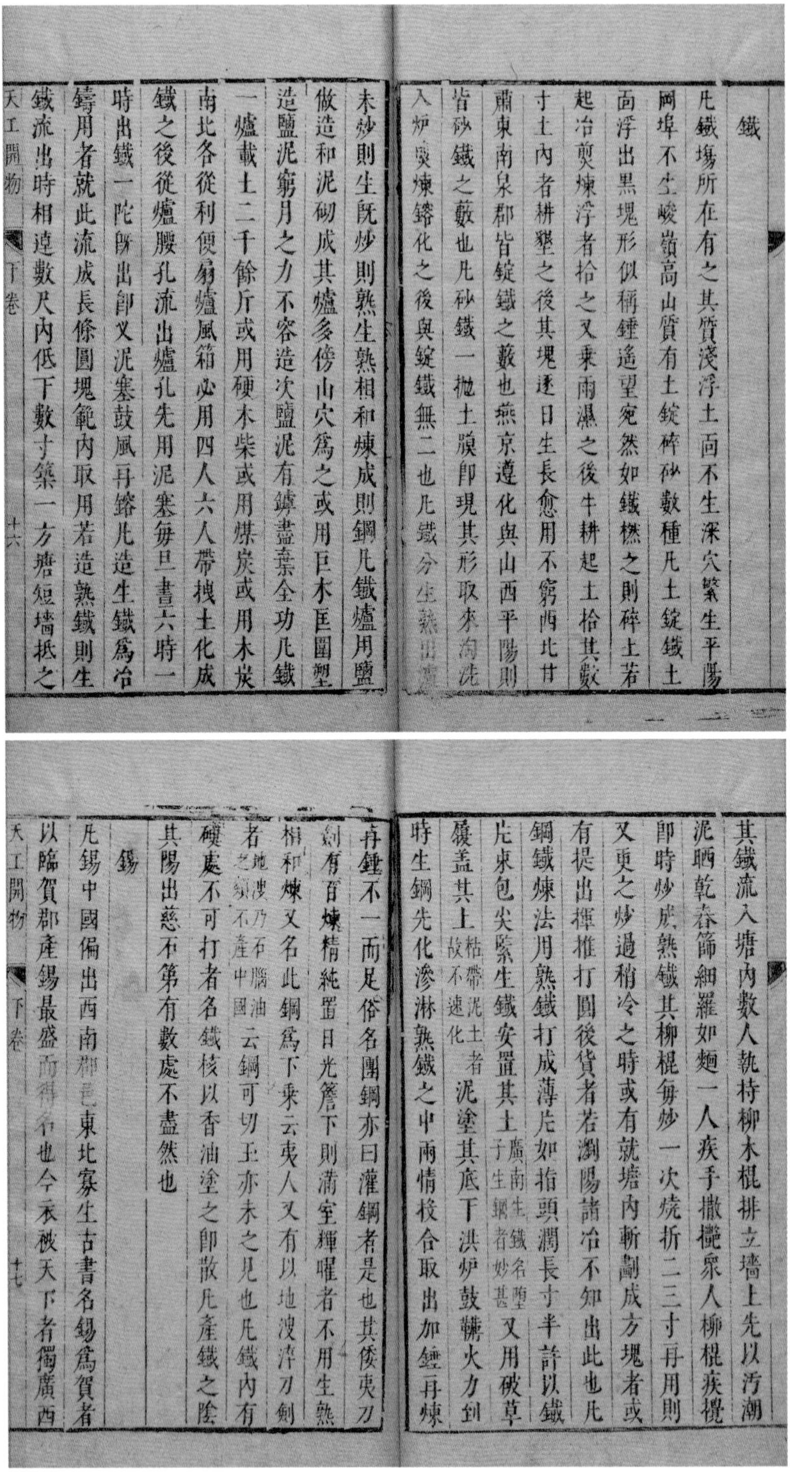

鐵

凡鐵場所在有之其質淺浮土面不生深穴繁生平陽岡埠不生峻嶺高山質有土錠碎砂數種凡土錠鐵土面浮出黑塊形似秤錘遥望宛然如鐵燃之則碎土若起冶煎煉浮者拾之又乘雨濕之後牛耕起土拾其數寸土內者耕墾之後其塊逐日生長愈用不窮西北甘肅東南泉郡皆錠鐵之藪也燕京遵化與山西平陽則皆砂鐵之藪也凡砂鐵一拋土膜即現其形取來淘洗入爐煎煉鎔化之後與錠鐵無二也凡鐵分生熟出爐未炒則生既炒則熟生熟相和煉成則鋼凡鐵爐用鹽做造和泥砌成其爐多傍山穴爲之或用巨木匡圍塑造鹽泥窮月之力不容造次鹽泥有罅盡棄全功凡鐵一爐載土二千餘斤或用硬木柴或用煤炭或用木炭南北各從利便扇爐風箱必用四人六人帶拽土化成鐵之後從爐腰孔流出爐孔先用泥塞每旦晝六時一時出鐵一陀既出即叉泥塞鼓風再鎔凡造生鐵爲冶鑄用者就此流成長條圓塊範內取用若造熟鐵則生鐵流出時相連數尺內低下數寸築一方塘短墻抵之

天工開物 下卷 十六

其鐵流入塘內數人執持柳木棍排立墻上先以污潮泥晒乾舂篩細羅如麵一人疾手撒攪衆人柳棍疾攪即時炒成熟鐵其柳棍每炒一次燒折二三寸再用則又更之炒過稍冷之時或有就塘內斬劃成方塊者或有提出揮椎打圓後貨者若瀏陽諸冶不知出此也凡鋼鐵煉法用熟鐵打成薄片如指頭闊長寸半許以鐵片束包夾緊生鐵安置其上（廣南生鐵名墮子生鋼者妙甚）又用破草履蓋其上（粘帶泥土者故不速化）泥塗其底下洪爐鼓鞴火力到時生鋼先化滲淋熟鐵之中兩情投合取出加錘再煉再錘不一而足俗名團鋼亦曰灌鋼者是也其倭夷刀劍有百煉精純置日光檐下則滿室輝曜者不用生熟相和煉又名此鋼爲下乘云夷人又有以地溲淬刀劍者（地溲乃石腦油之類不產中國）云鋼可切玉亦未之見也凡鐵內有硬處不可打者名鐵核以香油塗之即散凡產鐵之陰其陽出慈石第有數處不盡然也

錫

凡錫中國偏出西南郡邑東北寡生古書名錫爲賀者以臨賀郡產錫最盛而得名也今衣被天下者獨廣西

天工開物 下卷 十七

4-4-4

竖炉冶铁和炒钢工艺的详细记载·《天工开物》

炒钢是划时代的重大发明，它可以快速、大量脱碳制钢，打通了生铁冶炼到制钢的效率瓶颈，为社会提供了大量价廉易得的制钢原料。这对于中国从早期开启铁器化到全面实现铁器化这一重大转变具有关键的意义。汉朝以后的文献，如《夏侯阳算经》《明会典》《武备志》《武编》《涌幢小品》《神器谱》《广东新语》等古籍都有生铁炒制或炼制熟铁的记载。足见这一发明自公元初起，历经两千年的发展、衍变，派生出多种形式，影响至为深远。

百炼钢

百炼钢在中国众多钢种中最为著名，它是将锻件经过更多次的加热，将不同含碳量的钢叠在一起锻打，或者将同一种钢材反复折叠锻打，内部形成更多的层状组织，使得组织更加均匀，夹杂物更加细小，材料的品质得到显著提升。百炼钢既是一种制钢工艺，也可以用来指用这种工艺加工而成的钢材。“百”是一个概数，表示有近百的数量级，极言炼数之多、锻制之精。

百炼钢对工艺控制要求很高。如果加热、锻打的次数过多，会造成钢料严重脱碳，变成熟铁，影响钢的品质。所以在炉内加热的时候，需要将锻件埋在炭火中，并远离风口，适当覆盖炭火，使炉内保持还原性气氛。钢料中会渗碳，以补偿锻打中损失的碳。

百炼钢在东汉已很成熟，之后为历代沿用、备受推崇。西晋刘琨“何意百炼钢，化为绕指柔”成为脍炙人口的诗句。“千锤百炼”“百炼成钢”便成为人们的习语，百炼钢也理所当然地被视为钢中之最。清代严可均《全上古三代秦汉三国六朝文》载陈琳《武军赋》谓：“铠则东胡阙巩，百练精钢”，时当东汉末年。曹操《内诫令》有“百辟利器”。曹丕《典论·剑铭》也说：“选兹良金，命彼国工，精而炼之，至于百辟。”北宋《太平御览》引南朝陶弘景《刀剑录》：“蜀主刘备令蒲元造刀五千口，皆连环，及刃口刻七十二湅。”《晋书·赫连勃勃载记》记将作大匠“造百炼钢刀”，都是古代制造百炼钢之明证。

考古也发现了汉代不少用百炼钢工艺制作而成的名贵刀剑。而且汉代发明炒钢后，百炼钢以它为原料，成分更为纯净，很少有夹杂物，百炼钢的品质有长足的发展，同时锻打的火次和折叠的层次随之增多。

1978 年江苏徐州铜山县山东汉墓出土一件五十炼铁剑，通长 109 厘米，剑身长 88.5 厘米，宽 1.1~1.3 厘米，厚 0.3~0.8 厘米。剑茎正面有隶书错金铭文 21 个字：“建初二年蜀郡西工官王愔造五十湅 × × × 孙剑 ×”。据此铭文可知，该剑为东汉建初二年（公元 77 年）蜀郡工官所造。剑镡已残脱，由铜锡合金制成，表面乌黑，内侧阴刻隶书“直千五百”四字。

用金相显微镜观察发现，剑身金相组织为珠光体和铁素体，含碳量高低不同。样品两边各 5 毫米处，高低碳层相间，各约 20 层。每层薄厚不同，一般为 50~60 微米，也有 20 微米的。每层组织是均匀的。两边似乎对称。边部高碳区域含碳 0.6~0.7%，钢剑刃口未经淬火处理。剑身样品断面因组织与成分的差异，金相观察到分层数目接近 60 层。综合认为，该剑是以含碳量较高和含碳量较低的两种炒钢为原料，叠在一起，经过多次加热、锻打折叠成形。

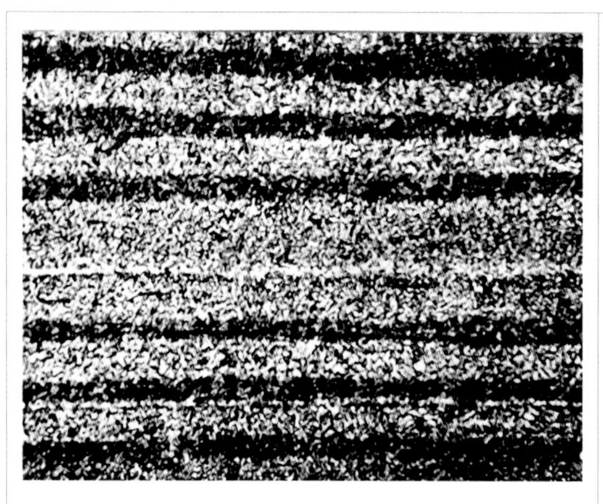
五十炼钢剑剑身样品金相组织

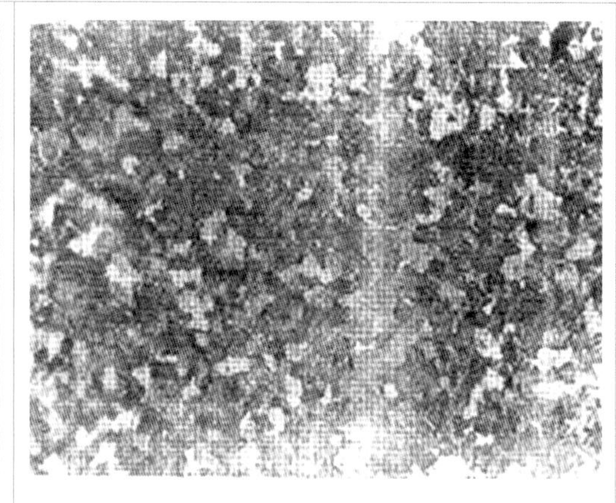
五十炼钢剑剑身样品中心金相组织

4-5-1

江苏徐州东汉墓五十炼铁剑金相照片

【图片来源:左:徐州博物馆,《徐州发现东汉建初二年五十炼钢剑》,文物,1979年,第7期。右:韩汝玢,柯俊:中国古代的百炼钢,自然科学史研究,1984年,第3卷第4期。】

罗振玉《贞松堂吉金图》“卷下”著录了四川广汉郡工官作于永元十六年(104年)的卌湅刀;1974年山东苍山出土的环首刀有错金铭文“永初六年(作者注:112年)五月丙午造卅湅大刀吉羊宜子孙”。检测分析表明,此刀由炒铁反复折叠锻打而成,刃口有马氏体,曾经历淬火处理。江苏徐州铜山出有建初二年(77年)蜀郡工官所造五十湅刀,日本熊本县出有5世纪前期的八十湅刀。石上神宫藏有来自百济、制作于4世纪后期的百炼七支刀。

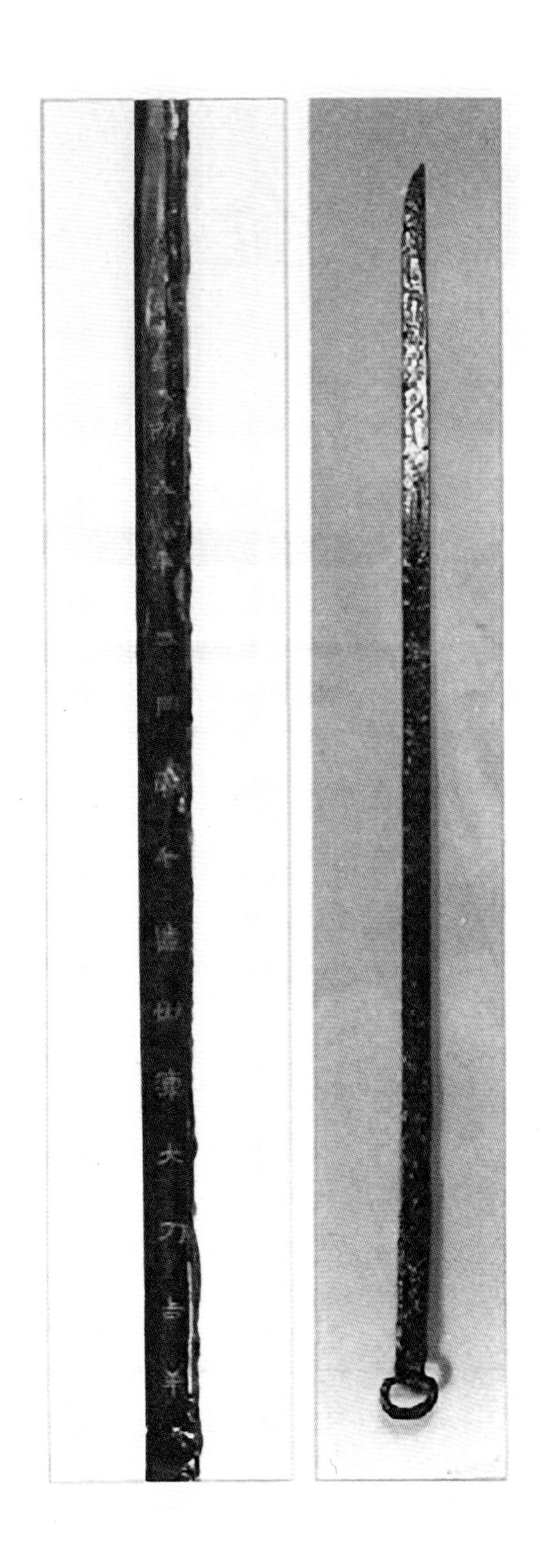

4-5-2

三十炼铁刀·东汉永初六年造

【山东省苍山县图书馆藏】

灌钢

百炼钢品质虽好，无奈成本太高，一般百姓家不会用百炼钢，军队中也不可能大量装备。东汉后期的时候，工匠们又发明了一种全新的制钢工艺。这就是灌钢，属于生、熟铁合炼成钢的技术。

东汉末年王粲（177~217 年）《刀铭》讲：

相时阴阳，制兹利兵，和诸色剂，考诸浊清；灌襞已数，质象已呈。附反载颖，舒中错形。

“灌襞已数”是将生铁反复渗透或注入到熟铁中间，形成含碳量、碳分布可控的钢制品。这属于杂炼生鍒工艺，也是灌钢工艺的基本特征。

中国国家博物馆征集到一件东汉错金钢刀。刀全长79.8、刀身宽3、刀脊厚0.7厘米，原镡部位置长0.9厘米。环首呈椭圆形，外径6厘米，由嵌金几何形卷云纹饰组成。刀脊上有错金铭文54个字。考古工作者认为该刀镡部以上、刀身两侧及刀脊上的错金纹饰的位置和形式符合东汉时期环首刀的规制，与之相类的有河北省定县中山穆王刘畅墓出土的错金铁刀。整个钢刀锈蚀较重，但错金装饰内容丰富，瑰丽考究，工艺精湛，保存良好。这把剑的铭文字数是迄今发现汉代铁刀中最多的一件。

其铭文内容如下：

永寿二年（公元156年）二月濯龙造，廿[蘿]（灌）百辟，长三尺四寸把刀。堂工刘满，钺工虞广，削厉待诏王甫，金错待诏灌宜，领濯龙别监唐衡监作，马多妙北主。

这些文字详细记述了错金刀制造的时间、地点、器物归属、规格尺寸、制造工艺、制造工种、技术工匠和监造工官的姓名，信息量非常大。

永壽二年二月濯龍造廿湅百辟
長三尺四寸把刀堂工劉滿鍛
工蕢廣前庸侍詔王甫金錯
侍詔灌宜領濯龍別監唐
衡監作騎姚孙主

4-6-1

东汉错金钢刀及其铭文

【中国国家博物馆藏。引自：田率．对东汉永寿二年错金钢刀的初步认识[J]. 中国国家博物馆馆刊 ,2013(02):65–72.】

而此钢刀纪年为“永寿二年”即公元 156 年，说明至迟在东汉晚期就有了灌钢法。这件钢刀可作为灌钢技术最早的实物例证。

灌钢成为后世主要的制钢技术，文献中多有记载，其制作工艺也在逐步改进，产品类型也更加丰富。

《重修政和经史证类备用本草》卷四《玉石部》引南朝梁陶景弘的记述：

钢铁是杂炼生鍒作刀镰者。

“生”是指生铁。“鍒”《说文·金部》云：“铁之奕也。”王箔《句读》云：“谓铁中之柔奕者也。”《正字通·金部》：“鍒，俗谓软铁者，熟铁也。”

“杂炼生鍒”就是把生铁与熟铁按一定比例配合起来，混杂冶炼，这就是灌钢法。

东魏北齐时期的綦毋怀文利用灌钢法制“宿铁刀”。《北史》“卷八九”记载了具体操作工艺：

怀文造宿铁刀，其法，烧生铁精以重柔铤，数宿则成刚。以柔铁为刀脊，浴以五牲之溺，淬以五牲之脂，斩甲过三十札。今襄国冶家所铸宿柔铤，是其遗法，作刀犹甚快利，但不能顿截三十札也。

“柔铤”即熟铁为原料，“宿”当聚合讲。綦毋怀文用低碳的柔铁作刀脊，用灌钢作刀刃，在不同部位形成不同的含碳量。这样的工艺非常高明。

南朝时已使用灌钢法制造刀、镰等普通的生产工具，说明灌钢技术在南北朝时期已经十分成熟，应用普遍。

灌钢在宋代和明代的文献中仍有记载，并且得到了进一步发展。

《梦溪笔谈》“笔谈卷三·辩证一”记载了一种团钢，就熟铁盘曲起来，插入生铁，用泥封住，一起加热。生铁熔点低，先熔化，渗入熟铁之中，再反复锻打至“不减斤两”。

锻打是制作灌钢的必不可少的步骤，也是最费力费时的主要步骤。这种状况在明代有所改变。明唐顺之《武编》记载也可将生铁和熟铁共同加热，待生铁将熔时，置熟铁上“擦而入之”。明《天工开物》和《物理小识》亦有类似记载，亦即清代至近代仍盛行于苏、皖、鄂、湘、川、闽等地的“抹钢”和“苏钢”。

有些地区存在的擦生或生铁淋口，也是同类工艺。擦生又称生铁淋口，《天工开物·锤锻篇》云：

> 凡治地生物用锄镈之属，熟铁锻成，熔化生铁淋口，入水淬健即成刚劲。每锹锄重一斤者，淋生铁三钱为率，少则不坚，多则过刚而折。

表鐵裡則勁力所施即成折斷其次尋常刀斧止嵌鋼于其面即重價寶刀可斬釘截凡鐵者經數千遭磨礪則鋼盡而鐵現也倭國刀背濶不及二分許架于手指之上不復欹倒不知用何錘法中國未得其傳凡健刀斧皆嵌鋼包鋼整齊而後入水淬之其快利則又在礪石成功也凡匠斧與椎其中空管受柄處皆先打冷鐵爲骨名曰羊頭然後熱鐵包果冷者不沾自成空隙凡攻石椎日久四面皆空鎔鐵補滿平塡再用無弊

鋤鎛

凡治地生物用鋤鎛之屬熟鐵鍛成鎔化生鐵淋口入水淬健即成剛勁每鍬鋤重一斤者淋生鐵三錢爲率少則不堅多則過剛而折

鎈

凡鐵鎈純鋼爲之未健之時鋼性亦軟以已健鋼鏩劃成縱斜文理劃時斜向入則文方成焰劃後燒紅退微冷入水健久用乖平入火退去健性再用鏩劃凡鎈開鋸齒用茅葉鎈後用快弦鎈治銅錢用方長牽鎈鎖鑰之類用方條鎈治骨角用劍面鎈（朱註所謂鑢鍚）治木末則錐

天工開物 卷中 四六

4-6-2

关于擦生的记载 · 《天工开物》

这是一种独特的表面渗碳工艺，20 世纪 60 年代很多地区仍在使用，又称“铺生”和“煮生”，所作农具利土省力，可自行磨锐又经久耐用，很受农民欢迎。

灌钢的发明和逐步成熟与推广，弥补了旧时制钢术的不足，它是中国独有的制钢技术，标志着自然经济结构中的手工业生产方式所能提供的钢铁冶炼品类业已齐全，使以生铁为本的传统钢铁冶炼体系得以完备。

夹钢与贴钢

至迟在公元 3 世纪，中国已应用夹钢、贴钢工艺了。夹钢和贴钢制造工艺是在小农具和兵器刃口部分锻焊（夹在中间或贴在表面）上一块含碳较高、硬度较高的钢，使刃口锋利耐久，而基体是由含碳较低的钢制成，两者在固态下锻接在一起。巩县铁生沟遗址出土的 4 号铁镢很可能是我国最早的贴钢产品。

吉林榆树老河深汉墓出土的环首刀，本体为低碳钢，刃口为含碳 0.7% 的钢，二者有明显的分界，是早期的贴钢制品。《梦溪笔谈》称：

“古人以剂钢为刃，柔铁为茎干，不尔则多断折。”

《天工开物·锤锻》记述了刀、斧、刨、凿或贴钢或夹钢的部位和做法。夹钢、贴钢都属于复合型材质，外坚内韧，刚柔兼备，两类材料各得其所，既合用又耐久，在我国古代被广泛用以制作工具和刃具。

原始鼓风器 · YUANSHI GUFENGQI

大型带活门皮囊 · DAXING DAIHUOMENPINANG

畜力与水力鼓风 · CHULI YU SHUILIGUFENG

木扇 · MUSHAN

风箱 · FENGXIANG

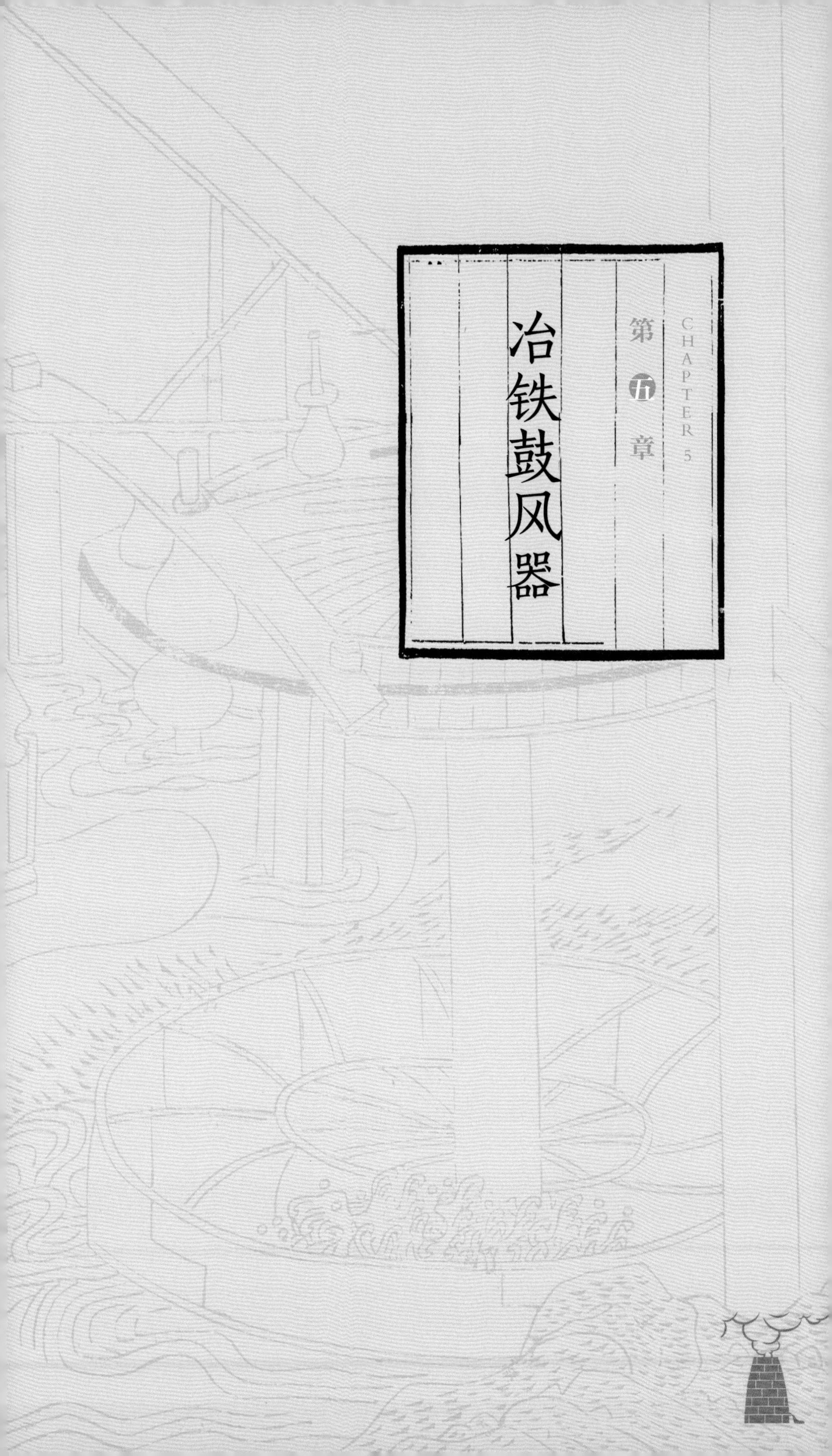

第五章 CHAPTER 5

冶铁鼓风器

前面我们讲冶炼生铁的时候，那么大炼铁炉要达到1400摄氏度以上的高温，以及足够多的煤气，这就势必需要使用大型鼓风器。

古代的鼓风器是怎样制造和使用的？我们从古代文字、插图、壁画中可以找到很多资料。古代有简单的皮囊、也有复杂的活塞式风箱，不同地区的鼓风器也是各具特色，形成一种独特的技术文化。我们把目前收集到的中外冶金场所使用的鼓风器资料组合到了一张表里。总的来看，古代冶金场所使用的鼓风器都属于容积型鼓风器。

世界古

序号	名称	使用地区	鼓风结构	封装材料
1	吹管	世界各地	皮囊式	皮革
2	无活门皮囊	非洲		
3	手动开闭皮囊	东欧、中南亚		
3	橐	中国		皮、木混合
4	单筒皮囊	中亚		
5	双筒皮囊	欧洲		
6	双筒皮囊	北非、中亚		
7	木囊	欧洲		
8	压气管	欧洲、中亚	水压式	木质
9	喷水管	欧洲		
10	钟式鼓风器	欧洲		
11	楔形木扇	欧洲	活塞式	木质
12	木扇	中国		
13	踏鞴	日本		
14	天平鞴	日本		
15	双缸风箱	越南、老挝		
16	双缸风筒	马达加斯加		
17	双缸鼓风器	欧洲		
18	双活塞风筒	马达加斯加		
19	箱橐	日本		
20	活塞式风箱	中国		

它们的基本原理是通过压缩鼓风器的体积，产生具有较高静压的气流。

从与冶金技术发展相结合的视角来看，世界古代冶金鼓风技术的发展共历经了四个大的阶段，其标志分别是：吹管及原始鼓风皮囊、大型活门式皮囊、水力与畜力鼓风、木质封装鼓风器。中国古代鼓风技术较早地完成了这四个阶段的演变。

鼓风器

做功部件	运行方式	作用类型	原动力	用途
皮革	平动	单作用	人力	炊事、锻冶
面板			人力、畜力、水力	锻冶、通风
			人力	
	摆动		人力、水力	
				锻冶、通风、汲水
水	—	单作用	水力	吹奏、报时
				锻冶、吹奏
				锻冶
活塞	摆动	单作用	人力、水力	锻冶
			人力	
	平动			
			人力、水力	
			人力	
		单、双作用	人力、水力	炊事、冶金

原始鼓风器

吹管可算作最简单的鼓风器，确切说是鼓风辅助器械。吹管和肺腔可以一起看作皮囊结构，能够提供较高的鼓风压力（成年人呼气压上限为 7.89kPa～18.62kPa），但排气量受肺活量限制，而且产生的气流中，含氧量低于正常空气。所以吹管只适于小型冶炼。吹管使用很广，起源很早，具体时代尚不可考；直至今天部分场合还在使用。埃及塞加拉（Saqqara）公元前 2400 年墓葬石刻图像显示古埃及工匠已经用吹管鼓风熔炼金属。

5-1-1

埃及塞加拉墓吹管熔炼墓石图像

5-1-2

印度金匠用吹管鼓风熔化黄金

【引自：Thomas Ewbank. A Descriptive and Historical Account of Hydraulic and Other Machines for Raising Water, Ancient and Modern, with Observations on Various[M]. New York: Berby & Jackson.1858: 234.】

原始的鼓风皮囊性能略好于吹管，通过手或脚来驱动，风压和风量显著提高；气流含氧量正常。但容积较小，只有一个风嘴，同为进风、出风口，需要将风嘴与炉体风口保持小段距离，这样鼓风器不能与炉体形成密闭结构。只能缩小风嘴面积，提高鼓风动能增加动压，以改善供风。气体利用率较低。

原始皮囊的形象最早见于古埃及公元前 1500 年底比斯墓脚踏鼓风墓石。近代非洲达富尔人原始冶铁技艺仍在使用这种皮囊。在中国古代文献中尚未确认原始鼓风皮囊的文字记载，也未见到图形记录，但它是鼓风器发展的必经阶段，对冶金技术的发明与早期发展产生了积极作用。

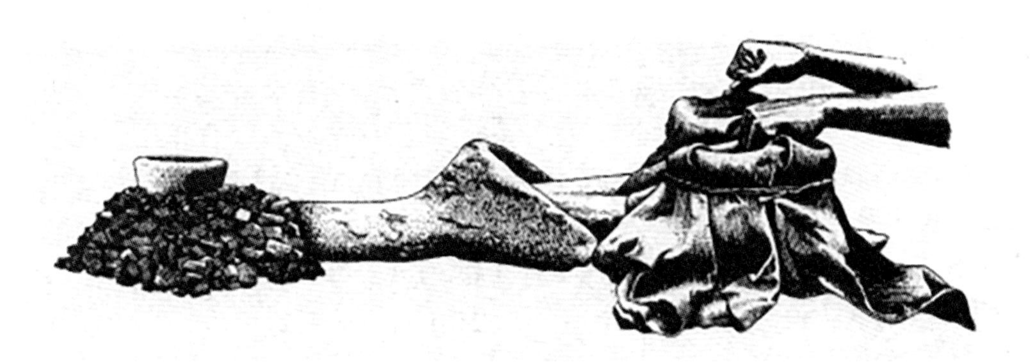

5-1-3

近代苏丹用无活门皮囊炼铁

【引自：查尔斯·辛格等主编．技术史（第一卷）[M]．王前等主译．上海教育出版社，2004：389.】

5-1-4

埃及底比斯墓脚踏鼓风墓石画像

装有活门的皮囊

随着冶金业的发展，对鼓风技术的要求逐渐提高，鼓风技术进入第二阶段。

一方面是大型化。中国古代文献对鼓风器的记载早在战国时期已出现，称之为“櫜”。《墨子·备穴》记载：“具炉櫜，櫜以牛皮，炉有两甄，以桥鼓之百十。”这种皮囊鼓风器是将牛皮蒙在甄上制成，采用双甄组合鼓风。“桥”本身有连接的含义，可能是连杆，一端连着牛皮，一端由人手持。人推拉连杆鼓风，能够站立起来，借助腰腿力量，以更舒适的姿势来工作，而不是直接抓住牛皮面操作。另一种可能是两个櫜用杠杆相连接，像跷跷板一样联动起来交替鼓风。

另一方面，是安装活门，即在皮囊上另开了一个气流入口，吸气时敞开，排气时关闭，实现气流单向流动。这样风嘴就可以插入炉内，与炉体形成闭合空间，不会将炉内火焰倒吸回鼓风器内，从而显著提高了风口风压和气体利用效率。

这种皮囊的活门有两类：一是在皮囊操作端开口，安装木质把手，采用手动方式开闭活门，此种鼓风器被称为浑脱。这种鼓风器的起源时代尚无据可靠，但近代以来仍在使用，如近代日本北海道附近的北方四岛、中国西藏民用火灶及云南炼铜厂、印度及欧洲的吉普赛民族等多有使用。

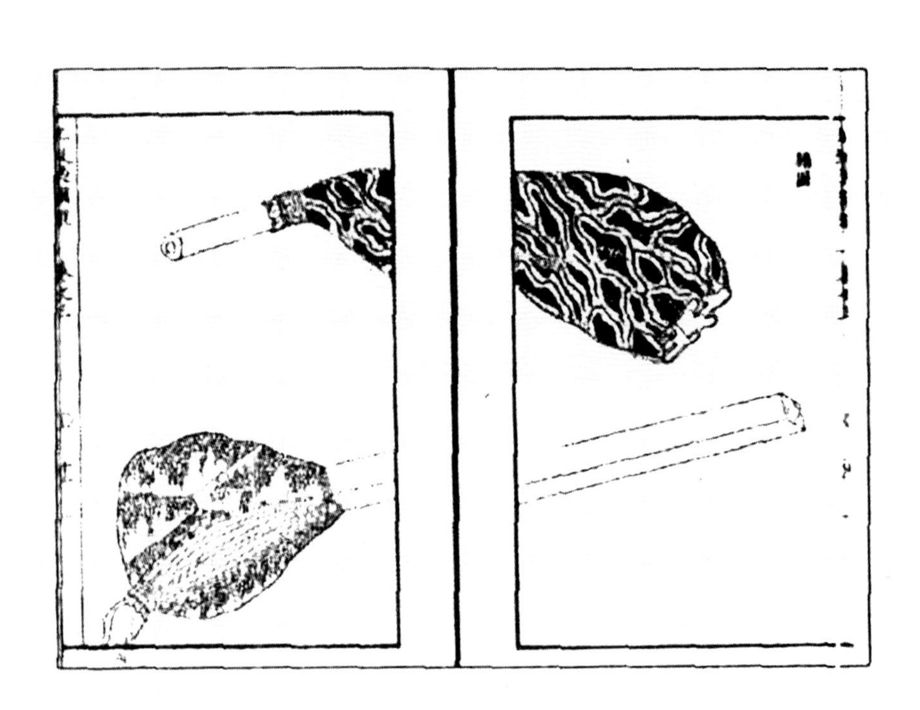

5-2-1

浑脱图 · 《北虾夷图说》

5-2-2

拉萨娘热乡传统火灶所用鼓风器 · 黄兴 摄

另一类是自动活门。最晚从汉代开始，冶铁领域使用的大型皮囊上安装了自动活门，即在鼓风皮囊面板进风口内部安装活动挡板，吸气时自动打开，排气时自动关闭；鼓风压力越高，密闭性越好。

中国山东滕县宏道院发现的公元 1 至 3 世纪（东汉）鼓风锻造画像石历来为研究者们所关注。尽管这块画像石是征集来的，但从其画面内容和风格来看，应当属于东汉时期。如前所述，王振铎对此做了复原。作为锻铁炉，所配备的鼓风器会比冶铁炉小一些，但其形制应该是相同的。我们还可以看到一个细节：皮囊将风嘴连接到了炉内，说明在出风口安装了自动活门，否则炉火会被吸入皮囊中。

中国新疆地区也使用了楔形皮木混合鼓风器，其形制与欧洲的鼓风器属于同类，在北方地区以及日本也有应用。

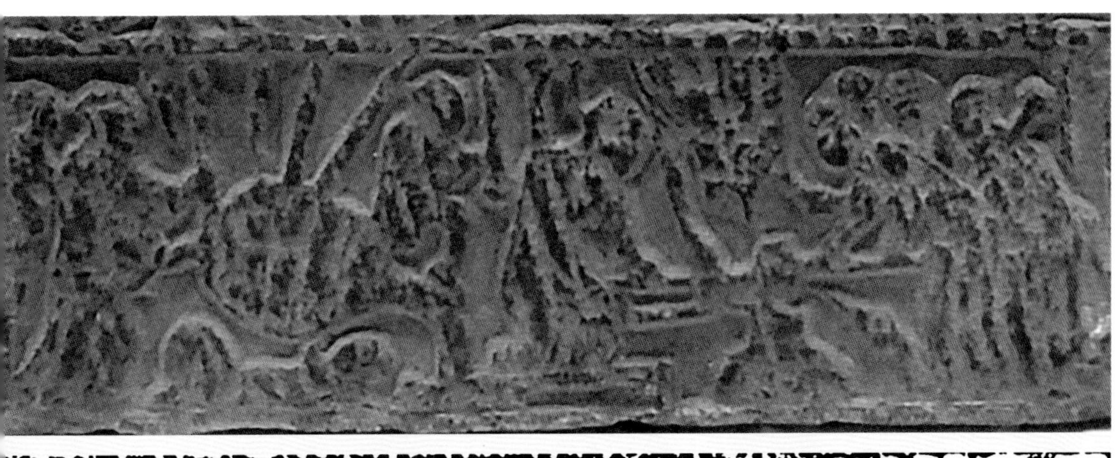

5-2-3

山东滕县东汉鼓风锻造画像石局部及拓片 · 黄兴 摄

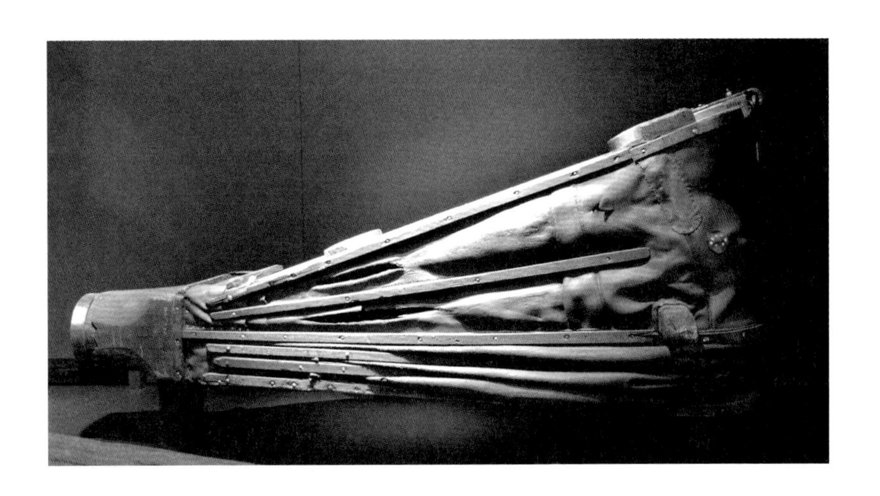

5-2-4

古代欧洲楔形鼓风器 · 潜伟 摄

【德国鲁尔博物馆藏】

畜力与水力鼓风

水力与畜力的应用使得鼓风技术的发展进入第三阶段。在冶铁生产中，鼓风需要耗费大量的劳力，从事重复性劳动。利用人力以外的能源鼓风，可以大幅降低冶铁成本；获得更为强劲的动力，有利于增加炉容，扩大产量，提高能源利用率。

《后汉书·杜诗传》记载公元 31 年南阳太守杜诗：

造作水排，铸为农器，（李贤注：冶铸者为排以吹炭，今激水以鼓之也。“排”常作“橐”，古字通用也）用力少，见功多，百姓便之。

《三国志·魏书·韩暨传》记载三国时韩暨：

迁乐陵太守，徙监冶谒者，旧时冶作马排（裴注：蒲拜反，为排以吹炭），每一熟石用马百匹；更作人排，又费功力。暨乃因长流为水排，计其利益，三倍于前。在职七年，器用充实。

这两段文字记载了东汉及三国时期应用水排、马排鼓风。“排”可能是并排在一起的鼓风橐组；交替推拉实现持续供风。水排即利用水力驱动一组鼓风橐鼓风，马排即利用马来带动鼓风器。杜诗、韩暨都曾推广水排，即用水力驱动多个橐以鼓风冶铁。

首先，利用水流鼓风，其原动机构必然是一个水轮。从原理上，水轮无论是卧式还是立式，利用连杆都可以将转动转化为往复运动，带动鼓风器工作。根据目前的机械史研究，中国的水轮大约出现于西汉末，最初用来驱动水磨加工粮食。另一方面表明水排或马排必然安装了活门，实现了风向自动控制。所以，水排和马排的出现具有多方面的重大意义。

水力鼓风在魏晋南北朝继续使用。北宋《太平御览》记载：

北济湖本是新兴冶塘湖。元嘉初，发水冶，水冶者以水排冶。令颜茂以塘数破坏，难为功力，茂因废水冶，以人鼓排，谓之步冶。湖日因破坏，不复修治，冬月则涸。

水力鼓风冶铁在北宋和元代也见记载，苏轼《东坡志林》：

《后汉书》有水鞴，此法惟蜀中铁冶用之，大略似盐井取水筒。

元代王祯经多方搜访，在其《农书》记载了当时的“立轴式”和“卧轴式”两种水排。“立轴式”水排有配图：水流冲激水轮，通过连杆带动木扇鼓风。但现存的“武英殿聚珍本”《四库全书》以及《农政全书》收录的《农书》“水排”制图都有问题，传动机构无法正常运转。刘仙洲、李约瑟等做了复原，提出了可行的传动方案。

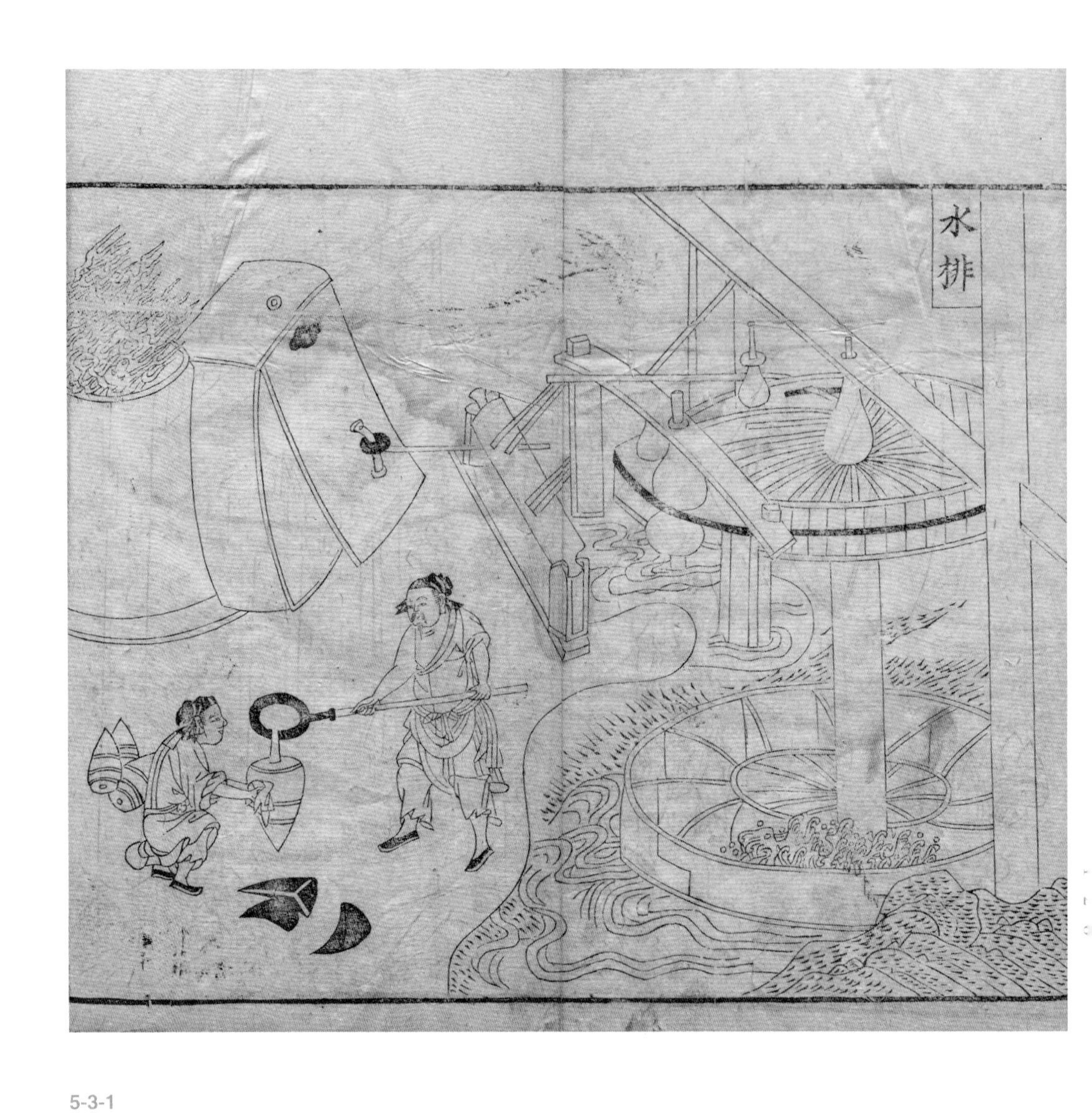

5-3-1

水排图 · 王祯《农书》

也有个别研究者认为至少在汉代，在全国范围内冶铁鼓风所用动力多数仍然是人力或畜力。考古调查反映，古代冶铁场多接近河流。这可能是为了用水运输方便，也为利用水力鼓风提供了条件，但尚无实证。王祯《农书》中讲当时水排很少见用，经多方寻访才得其概；清代《广东新语》《三省边防备览》等记载的大型冶铁厂采用人力鼓风，说明水排受地理、季节、水文影响较大。

木扇

随着木工工具的进步和木质材料的使用，冶金鼓风器由皮制改为木制，冶金鼓风器发展进入第四个阶段。皮囊式鼓风器缺点较多，如厚度有限，承受的压力不能太高；笨重不便操作，折叠过程机械损耗较多；需要经常润滑，耐用性较差等。逐渐被木质封装的活塞式鼓风器所取代，而活门机构、水力驱动系统等被传承下来。木质封装可承受更高气压，也能做得更大，能提供很高的气压和流量；采用活塞式结构，依靠活塞板往复运动鼓风，机械效率高于皮囊式鼓风器。

木扇是已知最早的木质鼓风器，其图形记载见于北宋曾公亮、丁度主编的《武经总要》卷十二“守城”中有“行炉”图，还有文字描述：

行炉熔铁汁，舁行于城上以泼敌人。

这段文字说明行炉是将木扇与炉体装在一起，在城墙上熔化铁水，向攻城的敌人泼洒。

▶

5-4-1

行炉·《武经总要》

行爐

这段文字在唐代《神机制敌太白阴经》《通典》，宋代《太平御览》《虎钤经》《海录碎事》《三朝北盟会编》及明代《筹海图编》中都有相近的引用，但未配图。似乎可以认为这段文字源于《神机制敌太白阴经》。

据考证《太白阴经》是第一部收纳“人马医护”“武器装备”“军仪典制”及“古代方术”等内容的兵书，开创了古代兵学著述新体例。照此，行炉等器具的内容则是该书作者考察、总结得到，而非转引。该书很可能是记录行炉的最早文献，行炉最早使用年代，当在唐乾元年间之前。

在敦煌榆林窟西夏第3窟壁画《千手观音经变》中有两个锻铁场景，左右对称分布。各有一架木扇，由一个人左右手一拉一推，同时操作，保证持续供风。但木扇盖上没有画出活门。作为艺术绘画，这种忽略可以理解。

5-4-2

锻铁图·敦煌榆林窟西夏《千手观音经变》

元代《熬波图》中清晰地绘制了元代使用的大型木扇，该木扇为双木扇组合，由四人鼓风，铸造大型铁柈（盘），用来熬制食盐。

◀

5-4-3

铸造铁柈 · 元代

【引自：陈椿 . 熬波图咏 [M]. 上海掌故丛书第一集，1935:37B.】

20 世纪 30 年代，周志宏在重庆一家小型钢铁厂调查发现当地的抹钢炉（擦生炉）使用木扇鼓风加热，在其报告中绘制了抹钢炉和木扇的结构图。

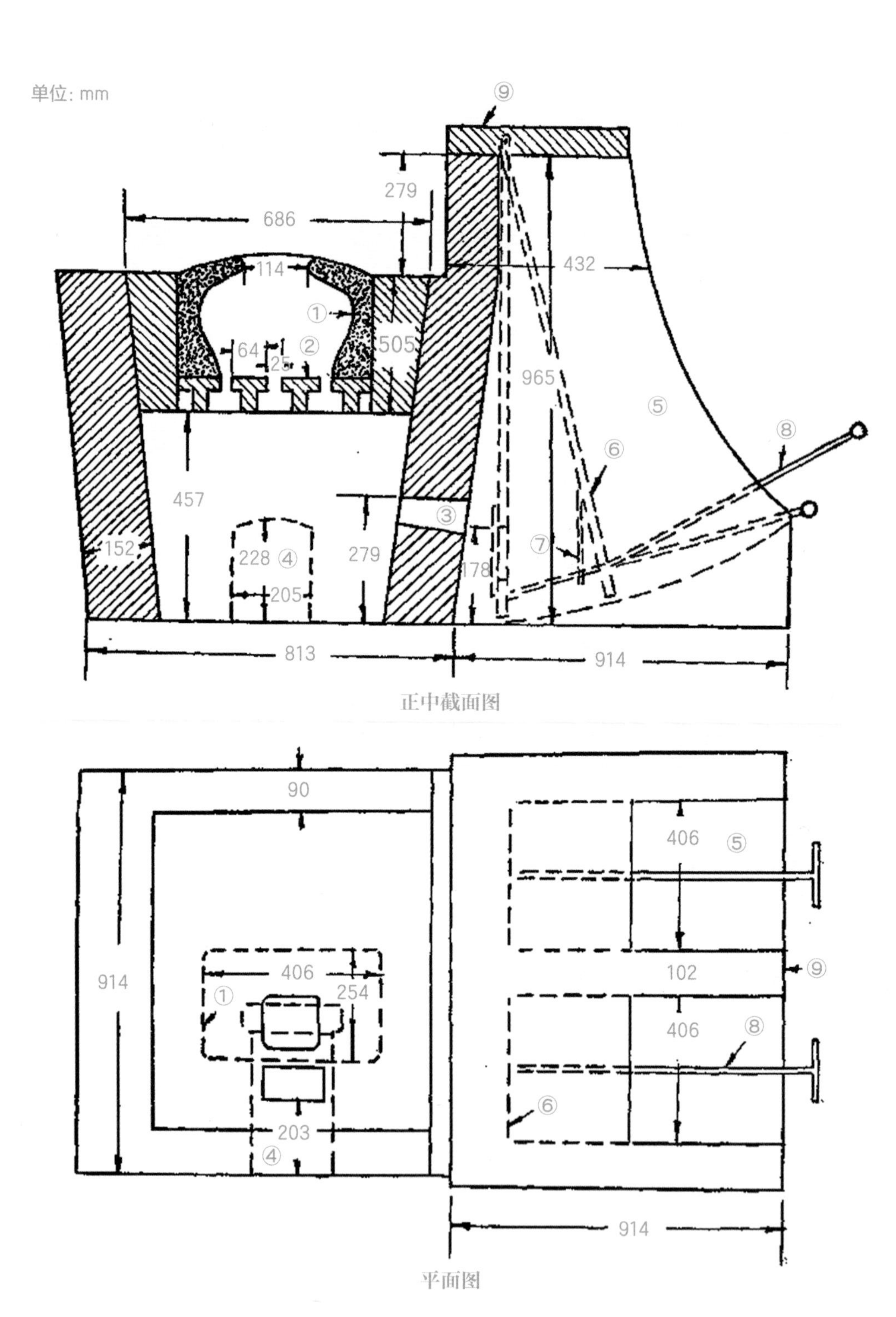

5-4-4

重庆北碚小型炼钢厂抹钢炉木扇的结构 ·（*1938*）

【引自：周志宏．中国早期钢铁冶炼技术上创造性的成就 [J]. 科学通报 ,1955(2):25–30.】

刘培峰博士在山西调查发现了20世纪50年代“大炼钢铁”时冶铁炉上使用的木扇盖。当地的木扇箱体是用土砖砌筑，内壁涂抹稀牛粪，与木扇盖形成紧密配合，防止漏气。

5-4-5

传统冶铁木扇扇板·晋城市泽州县·刘培峰 摄

古代图像记载只反映了木扇的外观，木扇内部还应当有两个关键结构：一是下底板内型要做成下凹面状，与扇盖下沿的活动曲面形成配合；二是出风口安装活门，防止炉内热空气倒流。我们用 3DS MAX 软件复原了古代木扇的内外结构。

▶

5-4-6

鼓风木扇复原三维模型 · 黄兴 制

外观

内部

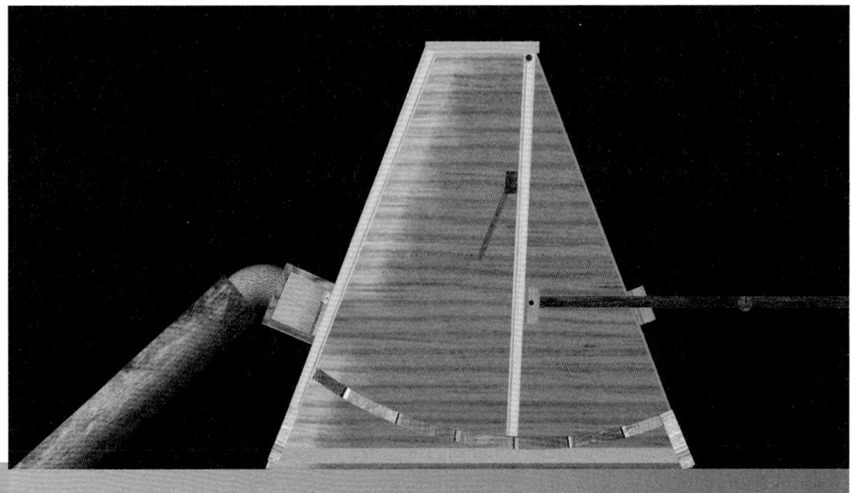
内部侧视

在欧洲，也出现了木质鼓风器。1550 年前后德国工匠洛辛格尔（Hans Lobsinger）将楔形皮囊改造为全木质结构的楔形木扇。楔形木扇很快向法国、英国等地传播，在冶金场所广为使用，可利用水力直接驱动木扇、配重提升复位。

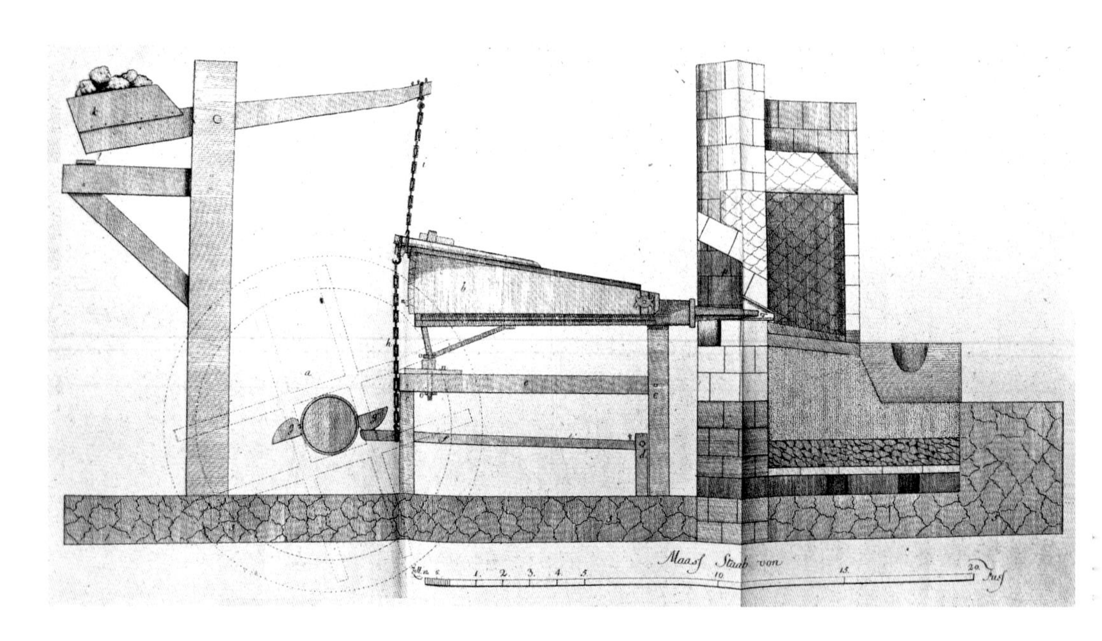

5-4-7

欧洲水轮驱动、凸耳带动且有配重的全木质楔形鼓风器

【引自：Henning Calvör. Historical Chronological and Mechanical Facts in Relation to Metallurgy in Upper Hercynia[M]. Publisher:Im Verlag der F ü rstl, Waysenhaus–Buchhandlung,1763: TAB: X Ⅲ .】

双作用活塞式风箱

双作用活塞式风箱，简称为风箱，可以称得上是中国乃至世界古代最精巧的鼓风器。

这种鼓风器在箱壁上安装了多个活门。在推拉活塞杆的过程中，这些活门都可以随着气流自动开闭，让气流通道和方向发生改变，最终实现连续鼓风。

木扇、皮囊等其他所有往复式鼓风器活塞一次往复运动本质上只能完成一次鼓风；而双作用活塞式风箱活塞一次往复运动完成两次鼓风，提高了鼓风速度和机械效率。

双作用活塞式鼓风器有两种活门配置方式。其原理如下图所示。

第一种是使用了 4 个单向活门。向右拉动活塞杆，带动箱内外的气流流动，箱体左侧活门自动打开，右侧活门自动关闭；而风道左侧活门自动关闭，右侧活门自动打开。这样活塞右侧的气体就从侧面的风嘴被压了出来；箱外气体进入活塞左侧。同理，向左推动活塞杆，也会有气流从风嘴被压出来。

第二种是使用了 2 个单向活门和 1 个双向活门。双向活门安装在风嘴处，可以在气流带动下左右摆动，从而导引气流。

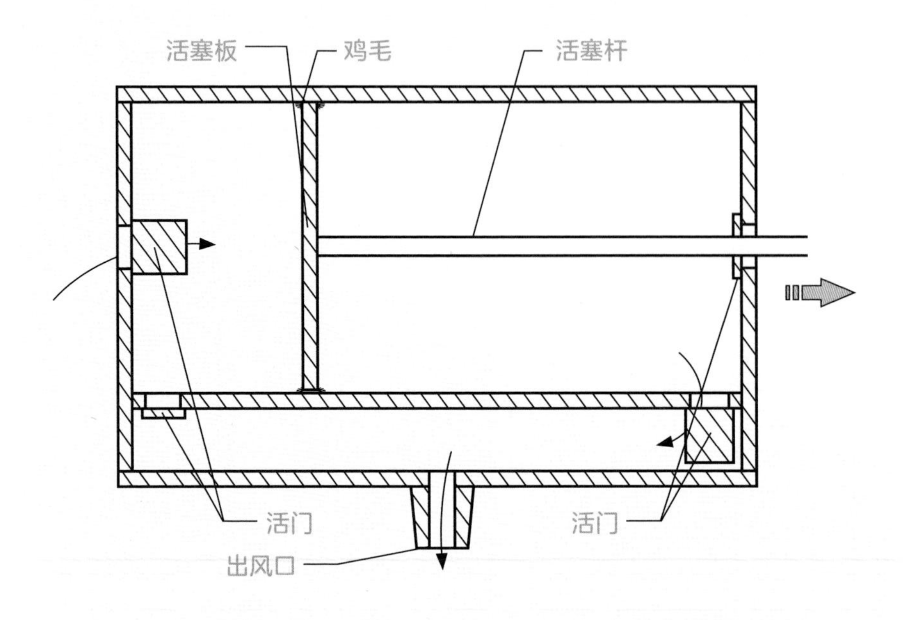

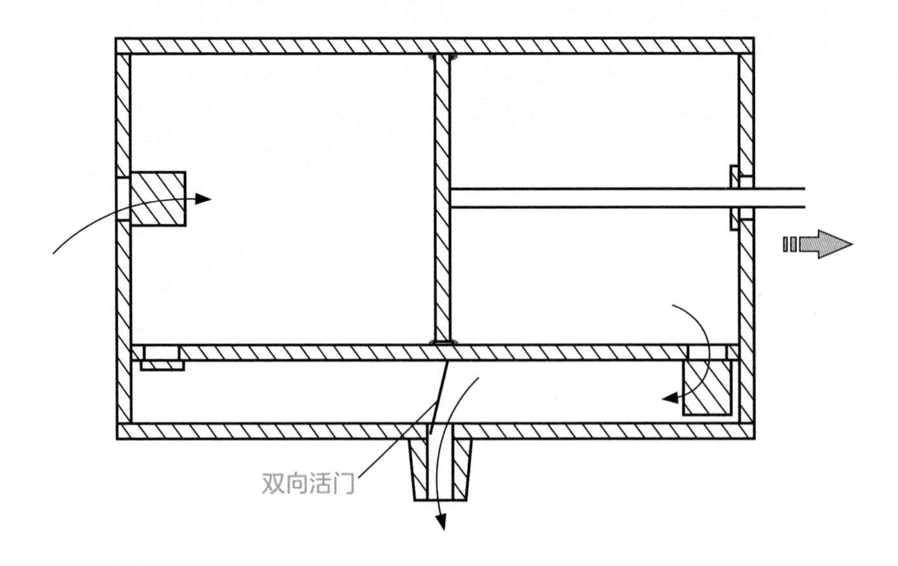

5-5-1

双作用活塞式风箱的两种形式及其鼓风原理（俯视图）· 黄兴 D·A 绘

古代文献中关于双作用活塞式风箱的记载有很多处。目前研究多认为双作用活塞式风箱发明于宋代。李约瑟认为其图形最早见于南宋刊刻（约1280年）的《演禽斗数三世相书》中“锻铁图”和“锻银图”。其中炉子旁边露出了一段风箱，上面有一个把手，应该是与活塞板相连的推拉杆。由于是锻造炉，风箱的尺寸较小。此两图被认为是最早的活塞式风箱图。

5-5-2

风箱 · 《演禽斗数三世相书》

明代《天工开物》中有20余幅插图上绘有风箱，描绘出它们在不同熔炼炉上的使用情形。从书中各种文字叙述及插图可知，不同熔炼炉所用风箱的大小尺寸不同。其中有只需一人操作的小风箱，也有需“合两三人力”操作的大风箱，特别是“炒铁炉”上所用的风箱，尺寸更大一些，原文记载必须用4到6人带拽。此类大风箱也用来给大型锻造炉鼓风，如锤锚图上使用的风箱，与冶铁炉所用风箱尺寸相当。

▶

5-5-3

小型风箱图·《天工开物》（上）

大型风箱图·《天工开物》（下）

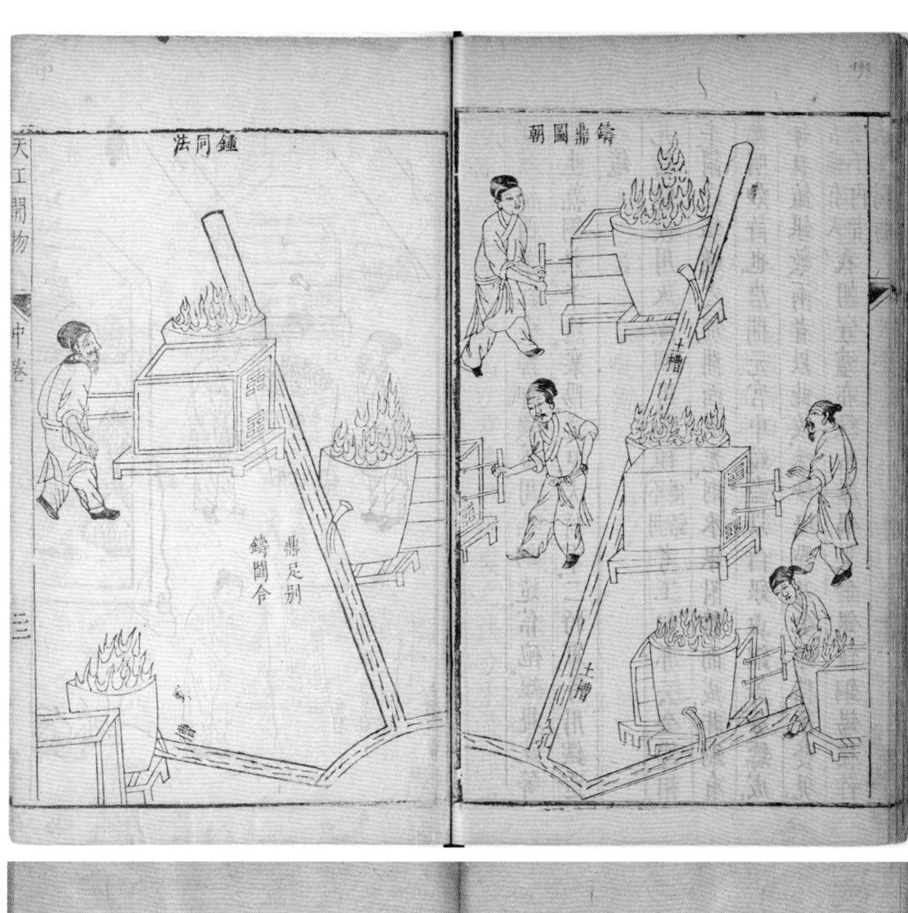
鑄鼎圖朝
鐘同法
土槽
土槽
鼎足別鑄閤合
天工開物 卷中 三

錘錨圖
天工開物 卷中 四九

明代成书的《鲁班经匠家镜》是现存最早对活塞风箱做出完整文字描述的著作：

风箱样式：长三尺，阔八寸，板片八分厚；内开风板，六寸四分大，九寸四分长。抽风框仔八分大，四分厚，扯手七寸四分长，方圆一寸大。出风眼要取方圆一寸八分大，平中为主。两头吸风眼每头一个，阔一寸八分，长二寸二分。四边板片都用上行做准。

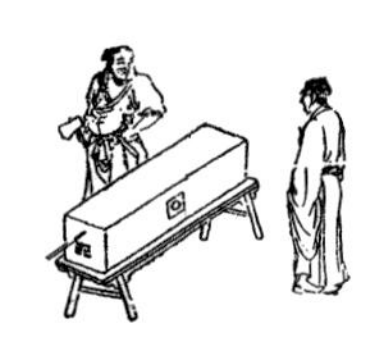

5-5-4

风箱图 · 《新修工师雕斫正式鲁班木经匠家镜》

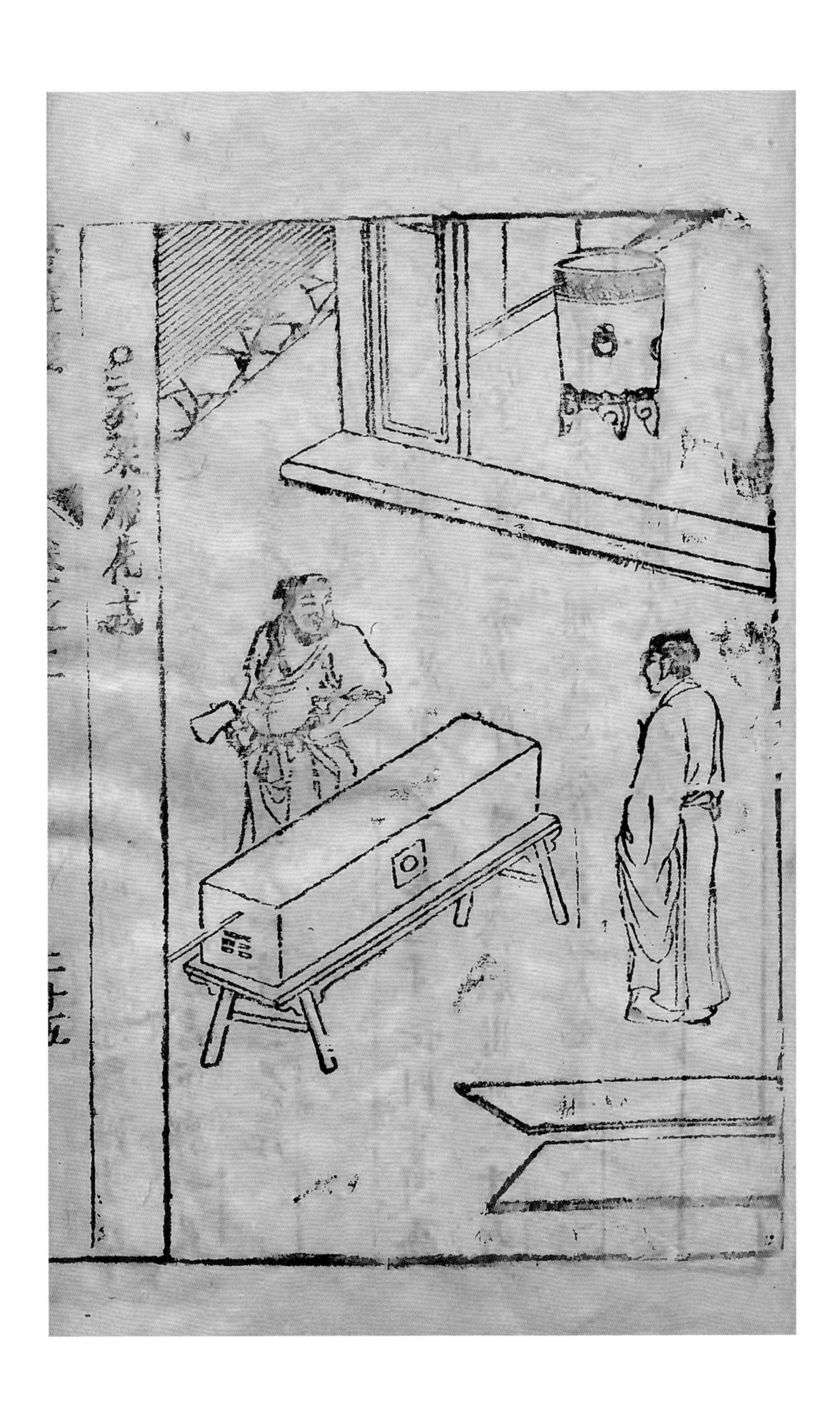

清代郑复光的《费隐与知录》对活塞风箱也做了较多的描述，介绍了南方和北方活塞风箱的不同类型，并提到在塞板周围施以羽毛，防止空气泄漏。

清末写实画报《画图日报》中设《营业写真》专栏，图文并茂地描绘了当时很多行业的营业情状，当中有一篇“做风箱”写真，栩栩如生地摹写了光绪、宣统年间上海及邻近地区工匠制作风箱的场景：

风箱作里做风箱，杉板四块将笋镶。中间鸡毛漆一簇，机关扇动风内藏。自古风来须空穴，箱口故将小洞缺。莫怪谗言比做扇风箱，空穴来风冷毵毵。

风箱除了方形，在冶金场所还多见筒形。筒形结构可以将气体径向压力转化为箱体切向张力，通过箱壁自身或箍的拉力予以抵消，这样就能承受更高的压强而保持不变形，避免接缝扩大。很多地方的大型筒形风箱是用一整段大树树干掏空制成。这种原生木料整体加工制成的箱体，除两端面板接口处之外，没有其他缝隙，筒体内部受力分布均匀，高压下的气密性得到有效保障。此外，在等周长条件下，圆形围成的面积大于矩形，即同等材料时，筒形风箱容积更大。

18 世纪末荷兰人豪克盖斯特（A. E. Van Braam Houckgeest，1739–1801 年）在广东获得的中国画匠绘制的补锅图上绘有小型筒形风箱。此图在欧洲流传很广，被改绘成多种版本。

5-5-5

18 世纪末广东补锅中的小型筒形风箱

【引自：Theodore A. Wertime. Asian Influences on European Metallurgy[J]. *Technology and Culture*, 1964, (5): Plate XI.】

清代《滇南矿厂图略》记载，当时使用的大型冶铜筒形风箱口径“一尺三至一尺五寸，长一丈二三”，需要三个人同时操作。19 世纪后期，来华外国人的调查资料记录了四川荥经县黄泥铺冶铁竖炉使用水力驱动、筒形风箱鼓风。Lux Fr.（生平不详）和鲁道夫·霍梅尔的调查资料分别展示了 1910 年江西（或湖南）某地和 1927 年江西德安的筒形风箱照片。1958 年大炼钢铁时云南、河南等多地仍在使用筒形风箱。20 世纪 60 年代孙淑云教授调查了云南鹤庆县土法炼铅厂的筒形风箱鼓风，使用水力驱动，曲柄与连杆传动。

▶

5-5-6

冶铁竖炉使用水力驱动 · 四川荥经县黄泥铺

【引自：August Essenwein. *Mittelalterlichen Hausbuches*[M]. Köln: Germanisches Museum, 1866: 24.】

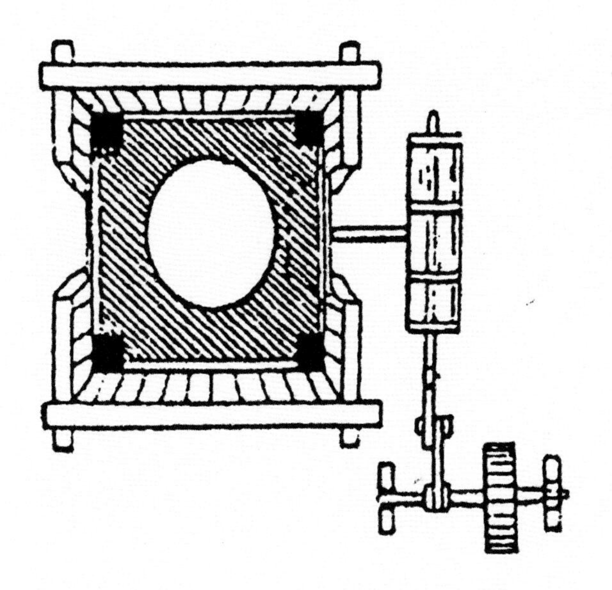

5-5-7

筒形风箱・清末江西

【引自：Lux Fr. Koksherstellung und Hochofenbetrieb im Innern Chinas[J].*Stahl und Eisen*, 1912, 22(no33), 1404–1407.】

5-5-8

筒形风箱・云南鹤庆土法炼铅厂・孙淑云 供图

讲到这里大家可能会有疑问：宋代以来，精巧、高效的双作用活塞式风箱已经普遍使用，为什么相对简单的木扇在冶金场所依然存在，而没有被完全替代？其原因可能如下。

从需求来讲，木扇虽然只能在推的时候单向鼓风，但组合起来就能实现连续供风，小型木扇一个人左右手可以完成，大型两个人也可以完成。大型活塞式风箱一般也需要两个人来驱动，这样从劳动力角度两者是相等的。活塞式风箱结构较为复杂，制作和维护成本略高；木扇以土墙为箱体，只有一个扇板是木制的，貌似粗笨，实则结实耐用。

此外，木扇推拉杆与扇板的连接点位于后者下部；箱内气压对扇板的等效作用点位于扇板中心。鼓风的时候，扇板起到了省力杠杆的作用。更容易产生较大的静压。即与同等截面的风箱相比，木扇更容易获得高排气压。在传统冶金场所，鼓风工人认为使用木扇鼓风更有力，就是这个道理。

我们还复原了一架木扇实物，在历次冶金模拟试验中都用它来鼓风，确实很给力，鼓风效果远胜皮囊。

参考文献

Reference

[1] 韩汝玢，柯俊 . 中国科学技术史（矿冶卷）[M]. 北京：科学出版社，2007.

[2] 华觉明 . 中国古代金属技术——铜和铁造就的文明 [M]. 郑州：大象出版社，1999.

[3] 华觉明 . 世界冶金发展史 [M]. 北京：科学技术文献出版社，1985.

[4] 何堂坤 . 中国古代金属冶炼和加工工程技术史 [M]. 太原：山西教育出版社，2009.

[5] 北京科技大学冶金与材料史研究所 . 铸铁中国 [M]. 北京：冶金工业出版社，2011.

[6] 北京市文物研究所，北京科技大学科技史与文化遗产研究院，北京大学考古文博学院，等 . 北京市延庆区大庄科辽代矿冶遗址群水泉沟冶铁遗址 [J]. 考古，2018（6）：38–50.

[7] 陈建立 . 中国古代金属冶铸文明新探 [M]. 北京：科学出版社，2014.

[8] 戴念祖，张蔚河 . 中国古代风箱及其演变 [J]. 自然科学史研究，1988（2）：152–157.

[9] 冯立昇 . 中国传统的双作用活塞风箱——历史考察与实物研究 [J]. 第五届中日机械技术史及机械设计国际学术会议，2004：30–37.

[10] 河南省博物馆，石景山钢铁公司炼铁厂，《中国冶金史》编写组 . 河南汉代冶铁技术初探 [J]. 考古学报，1978（1）：1–24.

[11] 河南省文化局文物工作队 . 巩县铁生沟 [M]. 北京：文物出版社，1962.

[12] 河南省文物研究所，中国冶金史研究室 . 河南省五县古代铁矿冶遗址调查及研究 [J]. 华夏考古，1992（1）：44–62.

[13] 黄兴，潜伟 . 木扇新考 // 技术：历史、遗产与文化多样性——第二届中国技术史论坛论文集 [M]. 北京：科学普及出版社，2013：84–91.

[14] 黄兴，潜伟 . 世界古代鼓风器比较研究 [J]. 自然科学史研究，2013（1）：84–111.

[15] 黄展岳 . 关于中国开始冶铁和使用铁器的问题 [J]. 文物，1976（8）：62–70.

[16] 李达 . 阳城犁镜冶铸工艺的调查研究 [J]. 文物保护与考古科学，2003，15（4）：57–64.

[17] 李京华 . 中原古代冶金技术研究（第一集）[M]. 郑州：中州古籍出版社，1994.

[18] 李京华 . 李京华文物考古论集 [M]. 郑州：中州古籍出版社，2006.

[19] 李延祥，王荣耕，黄兴等 . 河北邯郸市矿山村炼铁炉考察 [J]. 华夏考古，2016（4）：55–58.

[20] 刘东亚 . 河南新郑仓城发现战国铸铁器泥范 [J]. 考古，1962（3）：165–166.

[21] 刘培峰，李延祥，潜伟等 . 传统冶铁鼓风器木扇的调查与研究 [J]. 自然辩证法通讯，2017，39（3）：8–13.

[22] 刘云彩 . 中国古代高炉的起源和演变 [J]. 文物, 1978（2）: 18–27.

[23] 刘云彩 . 古荥高炉复原的再研究 [J]. 中原文物，1992（3）：117–119.

[24] 卢本珊,华觉明 . 铜绿山春秋炼铜竖炉的复原研究 [J]. 文物,1981(8):40.

[25] 史晓雷 . 中国古代活塞式风箱出现的年代新考 [J]. 中国科技史杂志，2015，36（1）：72–81.

[26] 唐际根 . 中国冶铁术的起源问题 [J]. 考古，1993（6）：556–565.

[27] 王振铎 .1959. 汉代冶铁鼓风机的复原 [J]. 文物，（5）：43–44.

[28] 杨宽 . 中国古代冶铁技术的发明和发展 [M]. 上海：上海人民出版社，1957.

[29] 赵青云，李京华，韩汝玢等 . 巩县铁生沟汉代冶铸遗址再探讨 [J]. 考古学报，1985（2）：157–183.

[30] 周志宏 . 中国早期钢铁冶炼技术上创造性的成就 [J]. 科学通报，1955(2)：25–30.

[31] 陈建立，韩汝玢 . 汉晋中原及北方地区钢铁技术研究 [M]. 北京：北京大学出版社，2007.

[32] 王巍 . 东亚地区古代铁器及冶铁术的传播与交流 [M]. 北京：中国社会科学出版社，1999.

[33] 湖南省益阳地区文物工作队 . 益阳楚墓 [J]. 考古学报，1985 年第 1 期，第 89–116 页 .

[34] 徐州博物馆 . 徐州发现东汉建初二年五十炼钢剑 [J]. 文物，1979 年，第 7 期 .

[35] 韩汝玢，柯俊 . 中国古代的百炼钢 [J]. 自然科学史研究，1984 年，第 3 卷第 4 期 .

[36] 徐州博物馆 . 徐州发现东汉建初二年五十炼钢剑 [J]. 文物，1979 年，第 7 期 .

[37] 定县博物馆 . 河北定县 43 号汉墓发掘简报 [J]. 文物 ,1973(11):8–20+81–84.

[38] 田率 . 对东汉永寿二年错金钢刀的初步认识 [J]. 中国国家博物馆馆刊，2013(02):65–72.

[39] 李延寿 . 北史 [M]. 北京：中华书局，1974 年，第 2940 页 .

[40]［宋］沈括 撰 . 梦溪笔谈 [M]. 北京：中华书局，2015：22.

[41] 陈建立，毛瑞林，王辉等． 甘肃临潭磨沟寺洼文化墓葬出土铁器与中国冶铁技术起源 [J]． 文物，2012(08)：45–53，2.

后记
Epilogue

中国虽然不是最早发明冶铁术的国度，但后来者居上，在春秋时期发明了生铁冶炼技术，大大提高了冶铁效率，推动中国社会进入铁器时代。

两汉时期，得益于鼓风技术、建炉技术等的进步，生铁冶炼炉型向大型化发展，冶炼水平、生铁产量以及组织能力都显著提高。铸铁脱碳钢、炒钢、百炼钢、灌钢、贴钢技术先后涌现，生铁及生铁制钢技术体系基本形成，有力的促进了农业、交通、手工业产业的发展，支持了当时的国家战略需求，推动汉帝国在全球范围内率先实现了全面铁器化。

汉武帝时期，全国设立 49 处铁官（大型钢铁厂），建立很多大型竖炉冶炼生铁。相比之下，四周的邻国只能生产块炼铁或从汉朝进口生铁。与匈奴的长期战争中，汉王朝在钢铁资源方面占据了绝对优势，凭借雄厚的国力赢得了最终的胜利。

历经南北朝、隋唐和五代十国的民族、文化与科技大碰撞、大融合，长城以北地区的钢铁技术得到跨越式发展。辽南京即燕山地区的生铁冶炼技术水平与华北中原地区已经很接近，与中原地区相比没有显著代差。中原王朝自汉代以来长期占据的钢铁资源绝对优势不复存在。这个千年未有之变局是宋与辽金等北方强国抗衡时长期处于守势的重要原因之一。

中亚和欧洲 13 世纪早期冶铁竖炉普遍采用方形竖炉。这一炉型更早发现于燕山地区，且明显受到了中原技术的影响。欧洲生铁冶炼技术的起源是否与中国有关，尚待研究论证。在技术、资本和市场的推动下，欧洲冶铁业快速发展。工业革命以后，逐渐发展出近代炉型、现代“五段式”炉型，以及多种先进炼钢技术。中国不仅失去了钢铁资源战略优势，而且远远落后西方，形成了巨大的代差。这又是一个千年未有之变局。中国又一次陷入了民族危难之中。

清末洋务运动的一项重要内容便是引进西方技术建立新式钢铁企业，例如张之洞主持建立的汉阳铁厂。新中国建立后，“大炼钢铁”运动体现了中国人深刻认识到钢铁对于国家安全、社会发展的重要性。但群众运动弥补不了数百年来形成的科学和技术差距。制度改革、技术引进与创新才是可行的道路。

改革开放后特别是进入新世纪以来，中国钢产量（产能）持续快速提高，超过其他所有国家的总和，有力支撑了中国经济高速发展。今后如何解决产能过剩、环境污染和高级钢材短板同样有待于制度改革和技术创新。

道路虽然漫长，我们相信“有志者，事竟成”。希望通过阅读本书能让大家多了解一些古代钢铁的技术和历史知识，多感受到古人的聪明才智。坚信在中华民族的发展历程中，我们始终不乏坚忍不拔、勇于创新的优秀人才。今天的小读者，就是明天的国之栋梁。

本书得到了中国科学院自然科学史研究所“中国古代制钢技术实验研究”课题经费的支持。

黄兴

2020 年秋

北京 · 中国科学院中关村基础园区